LA RAZÓN VASCA

TXALAPARTA

LA RAZÓN VASCA

Luis Núñez Astrain

Prólogo: Gilles Perrault

TXALAPARTA

Tituloa:
La Razón Vasca

Egilea:
Luis Núñez Astrain

Hitzaurrea:
Gilles Perrault

Argitaratzea:
Txalaparta Editorial
Apartado 78
Navaz y Vides Kalea 1-2
31300 Tafalla
Nafarroa - Navarra
Tfno.: (948) 755260
Faxa: (948) 755012

Txalapartaren lehenengo edizioia:
Tafalla, febrero 1995

I.S.B.N.:
84-8136-932-2

Lege gordailua:
NA. 411-1995

Azala:
Esteban Montorio

Argazki aukeraketa:
Juantxo Egaña

Fotokonposaketa:
Megagrafic

Fotomekanika:
Kalko

Inpresioa:
Gráficas Lizarra

Prólogo

Sólo los vascos saben lo que son los vascos. Incluso los pueblos más cercanos geográficamente les ignoran. Es cosa que se comprueba en todos los terrenos, y hasta lo absurdo. La derrota del Ejército de Carlomagno y la muerte del esforzado Roldán pertenecen a la estructura simbólica de cada francés, incluidos los más incultos. Y continúan atribuyéndoselas a los árabes, siendo así que los historiadores saben desde hace tiempo que aquel hecho de armas lo realizaron los combatientes vascos.

Las organizaciones humanitarias y las más altas instancias internacionales, tales como el Comité contra la Tortura de las Naciones Unidas, denuncian regularmente las violencias que sufren los detenidos vascos en las comisarías del Estado español. Pero el autor de este libro, Luis Núñez, nos advierte que la opinión pública española apenas sabe nada acerca de la tortura practicada por su Policía y que semejantes procedimientos le resultan inimaginables.

En el activo de los vascos: la pintoresca boina, la pelota y las danzas folklóricas. En el pasivo, esa organización «terrorista» de nombre impronunciable, designada con las siglas ETA, que, en opinión general, no sabe mirar la hora en la esfera de la historia, puesto que sigue matando a representantes del orden siendo así que el dictador Franco se descompone en su tumba desde hace ya veinte años.

Sin embargo, preguntadle a un francés qué grupo clandestino ha vertido más sangre en el hexágono desde hace tres décadas: titubeará entre una u otra organizaciones árabes relacionadas con los explosivos problemas de Oriente Medio. Y se equivocará, ya que es el GAL, ese revoltillo de matarifes mercenarios reclutados y manejados por Madrid, al más alto nivel de las instancias gubernamentales, como lo confirma el escándalo que sacude al Estado español en los momentos en que se escriben estas líneas.

Ello muestra la urgente necesidad del libro de Luis Núñez. Como sociólogo, el autor no se aparta para nada de una objetividad científica. Sin duda comprometido, se niega al discurso partidista. Señala las luces, pero también las sombras. Por eso insiste, después de tantos otros, en la importancia crucial de la lengua vasca («Es una patria, casi una religión», constataba ya Víctor Hugo), pero no descarta la posibilidad de una extinción total de esta lengua –la más antigua de Europa– si no se emprende un esfuerzo vigoroso para sostenerla. Cada una de sus afirmaciones se apuntala con hechos incontestables. Apoya su demostración en investigaciones serias. Su libro es la obra de un hombre razonable acerca de un «problema» mantenido por la locura y la estupidez de quienes se obstinan en negar el derecho de un pueblo a existir como tal.

Sin duda que su lectura enseñará mucho a quienes no conocen de los vascos más que los titulares o entradillas dedicadas por la prensa europea a una acción armada de ETA, a la espectacular detención de algún «terrorista» o a la afirmación, incansablemente repetida desde hace décadas, de que la organización clandestina se encuentra definitivamente decapitada. *La razón vasca* nos revela una historia muy antigua, una cultura, una vida asociativa intensa, una práctica democrática singular, una vitalidad que ninguna opresión ha podido apagar y que las peores traiciones nunca han desanimado: en suma, todo lo que hace a un pueblo.

Este libro –y es una suerte– será traducido a varias lenguas mayoritarias europeas. Cada lector, según su sensibilidad nacional, se verá remitido a su propia historia reciente. ¿Cómo los alemanes, tanto tiempo separados por el muro y el telón de acero, no verían la injusticia impuesta a un pueblo vasco separado entre los Estados español y francés? ¿Cómo los irlandeses, en su camino de reunificación, admitirían las separaciones impuestas a los vascos en el interior del Estado español? ¿Y por qué lo que se considera inadmisible para otros pueblos habría que tolerarlo para éste?

El lector francés meditará seguramente sobre el referéndum de 1978 para la adopción de una nueva «Constitución española», de la que Luis Núñez hace con razón un acontecimiento esencial. Una Constitución es el pacto nacional y social propuesto a las comunidades que viven en una esfera geográfica dada. Su rechazo por una de esas comunidades traduce su voluntad expresa de permanecer al margen. Sin embargo, en el País Vasco, el «sí» no reunió más que el 34'9% de los votos sobre el censo, o sea, poco más de un tercio.

En buena lógica democrática, un resultado así significaba de forma palmaria que el pueblo vasco rechazaba integrarse en el Estado español. Pero mezclaron los votos vascos con los castellanos, andaluces, etc., y Madrid no retuvo sino la cifra global: 59% de los electores censados, favorables al «sí». Tal juego de manos anulaba una voluntad nacional democráticamente expresada.

El lector francés se acordará evidentemente de aquellas consultas electorales al término de las cuales se declaraba que Argelia era «francesa», ya que los votos metropolitanos sobrepasaban numéricamente a los de las «provincias» argelinas. Cuando se niega de modo tan flagrante la expresión democrática ¿puede uno extrañarse si hay quienes tratan de hacer triunfar por las armas una voluntad anulada a la salida de las urnas?

Sin duda será al público francés al que más dolorosa le resultará la lectura de este libro. Sin énfasis, y con el apoyo de datos, Luis Núñez expone una de las páginas más infames de la historia de Francia: la entrega de vascos refugiados en Francia a la Policía del Estado español. Primero, ello fue obra de un Gobierno socialista que traicionaba de este modo el compromiso adquirido en el Congreso de Metz en 1979: «Teniendo en cuenta las graves consecuencias que pueden sufrir los vascos, pedimos el restablecimiento del estatuto de refugiado para los vascos que pidan asilo político en Francia y no permitiremos que una persona que vive entre nosotros sea extraditada por razones políticas».

Cuatro años después, esos mismos que habían reafirmado solemnemente la tradición republicana francesa, entregaban a refugiados. Rara vez se había visto una ignominia semejante. El pretexto invocado: como España se había convertido en una democracia, ya se podía confiar en sus instituciones. ¡Siniestra farsa! También con esto, el francés recordará la guerra de Argelia.

Nadie puede negar que Francia viviese en democracia entre 1954 y 1962, con elecciones regulares, libertad de opinión y una Justicia relativamente independiente. Pero nada de ello impedía que se torturase por todas partes tanto en Francia como en Argelia, e incluso a trescientos metros del Elíseo, un palacio del Elíseo donde actuaban el general De Gaulle y ministros como Michelet, huido de los campos nazis, o André Malraux.

Luis Núñez demuestra implacablemente lo que ningún vasco ignora: la realidad de la tortura en el Estado español. Ahora bien, entregar a la tortura a un ser humano, haya hecho lo que haya hecho, equivale a rebajarse al nivel de los torturadores. Es lo que hacen con cinismo los gobiernos franceses de izquierda o de derecha que se suceden en el poder desde hace once años.

La impresión dominante que se desprende de la lectura de *La razón vasca* es la de una lamentable chapuza. En vísperas del tercer milenio, ¿es posible que dos viejas naciones civilizadas nieguen tan ferozmente la voluntad de existir de un pueblo? A la hora en que se construye Europa, que debería permitir el desarrollo en su seno de las comunidades nacionales y que quisiéramos ver convertirse en el santuario de los pueblos libres, ¿es razonable empeñarse en rechazar la evidencia vasca? Cuando la comunidad internacional proclama el derecho de los pueblos a disponer de sí mismos, ¿en nombre de qué se puede excluir de él a los vascos?

Muchos lectores descubrirán con extrañeza que Madrid, mientras afirmaba su rechazo a tratar con «terroristas», prácticamente nunca ha dejado de negociar con ellos. Pero, hasta ahora, ha faltado la voluntad política de concluir. Al renegar de los compromisos adquiridos en Argel en 1989, los dirigentes del Estado español relegaron a las calendas griegas el arreglo del problema. Apostaron por el aplastamiento militar de los combatientes vascos, y han perdido. Han tratado de descalificarles ante la opinión pública internacional poniéndoles la etiqueta infamante de «terroristas», pero no lo han logrado mas que muy parcialmente.

Por otro lado, esta opinión ha visto a Nelson Mandela, antiguo jefe de la rama armada del Congreso Nacional Africano, partidario irreductible del ejercicio de una violencia legítima, llegar al poder y recibir el premio Nobel de la Paz. Ve a Yasser Arafat, denunciado hace poco tiempo como «enemigo público número uno», acceder al reconocimiento internacional y recibir también a su vez el Nobel de la Paz. Como verá mañana a Gerry Adams, cuyas relaciones con el IRA no son un secreto para nadie, hacer igualmente el viaje a Oslo para recibir su diploma...

¿Cuándo le tocará el turno a un vasco? ¿Cuánto tiempo hará falta aún que la sangre corra, que jóvenes vidas se agosten en la cárcel, que tantas familias sufran injustamente antes de que se llegue a la única solución válida: sentarse alrededor de una mesa de negociaciones y empezar a hablar?

Los vascos, que tanto coraje y paciente obstinación pueden desplegar en su lucha por el derecho a la existencia, nunca han sabido darse a conocer. En los tiempos mediáticos en que vivimos, la deficiencia es grave. Gracias al libro de Luis Núñez, la razón vasca tendría que comprenderse mejor y, en consecuencia, que defenderse más ampliamente.

Gilles Perrault

Introducción

¿Qué quieren ahora los vascos? ¿No tienen ya un régimen democrático, comparable con el de cualquier país europeo? ¿No gozan de un estatuto autonómico bien avanzado? ¿Qué sentido tienen entonces sus constantes protestas, sus grandes manifestaciones, sus acciones armadas?

Son muchos los europeos que tienen noticia del País Vasco por el bombardeo nazi que destruyó Gernika el año 37. O por el famoso Proceso de Burgos en 1970, al que siguió en 1973 el atentado contra el almirante Carrero Blanco, sustituto de Franco. O, más recientemente, por los atentados que se producen con cierta frecuencia. Pero que no tienen una idea cabal de lo que sucede aquí ni entienden las razones que puede haber hoy para la contestación vasca frente a los Gobiernos español y francés.

El País Vasco no existe como tal, como entidad propia, como unidad mínimamente reconocida. Sus tierras del lado francés carecen de toda autonomía. Las del lado español se reparten entre dos autonomías diferentes.

Cuando todavía Sabino Arana, el fundador del nacionalismo vasco se encontraba en la cuna, el escritor Víctor Hugo, que conocía muy bien el País Vasco, decía en el primer tomo de su obra *El hombre que ríe:* "Un vasco no es ni español ni francés. Es vasco".

Hoy en día cada vasco puede depositar nada menos que seis papeletas electorales, pero las del habitante de Saint Jean de Luz irán destinadas a unas instituciones, las del habitante de San Sebastián a otras y las del habitante de Pamplona a otras distintas.

Las actuales instituciones políticas de los vascos constituyen un prolijo y enrevesado entramado que, lejos de dotarles de entidad propia, consiguen justamente lo contrario: negársela. Las instituciones políticas no faltan sino que sobran. Hay demasiadas y son demasiado heterogéneas. Lo que falta es, en su lugar, unas pocas instituciones unitarias que le den al País cohesión y soberanía.

La mayoría de la población vasca considera necesaria esa mayor unidad y soberanía con vistas a defender su patrimonio común: desde el idioma vasco, arrinconado por el español y el francés, hasta la economía del País y, en particular, la de sus clases populares, con una tasa de desindustrialización y desempleo como no se había conocido nunca.

Este libro explica el no reconocimiento oficial del País Vasco, a través de su división política y de la discriminación de su idioma. Explica también la doble respuesta del propio País, primero con la creación del Partido Nacionalista Vasco y luego con la de Euskadi Ta Askatasuna (ETA). Respuesta heredera de otras habidas a lo largo de la historia, que se recuerda brevemente en el capítulo 5.

La reacción de los Gobiernos español y francés, decididos a mantener por encima de todo su negación de la entidad vasca, ha sido represiva, incluyendo en esa represión también las actividades ilegales.

El Gobierno de Franco (1936-1975) instauró la tortura policial para los interrogatorios y el "tirar a matar" sobre los militantes, es decir, dispararles, en ocasiones, en vez de detenerles. El Gobierno de la derecha democrática española (UCD, 1976-1981), a las anteriores prácticas ilegales les añadió el empleo de los grupos parapoliciales. A todo lo cual, el Gobierno de la izquierda española (PSOE, desde 1982) le sumó las palizas a los presos.

Las prácticas ilegales de represión, desarrolladas con la ayuda del Gobierno francés –ayuda discreta o descarada, dependiendo de épocas– se mantienen en pleno vigor en nuestros días. No son sólo un gravísimo atentado a los derechos que estos gobiernos dicen defender. Son sobre todo la consecuencia más o menos inevitable de una posición antidemocrática previa: la negación de la entidad vasca. Sin una fuerte represión, les sería imposible seguir negándole al pueblo vasco su derecho a existir. Por eso, los numerosos funcionarios que cometen acciones ilegales gozan de una impunidad prácticamente total.

No podía tampoco faltar en el libro la explicación de los distintos movimientos que tradicionalmente vienen defendiendo intereses populares en el terreno de la ecología, la salud pública, la enseñanza, la igualdad sexual y racial, la marginación, la paz, la solidaridad o el urbanismo, y que apuntan a una democracia más pronunciada, más avanzada y más real que la mera democracia electoral, lo que está convirtiendo al pueblo vasco en pionero de una tendencia que empieza tímidamente a llamar a las puertas de Europa, la tendencia a abrir un contenido más participativo a la democracia.

La obra termina finalmente con una comparación de los casos vasco e irlandés, así como con un repaso de la situación en que se encuentra en la Europa de este final de siglo el derecho de autodeterminación de los pueblos.

De este modo, el libro trata de exponer una serie de ciclos lógicos, enlazados entre sí, que explican la razón de ser de la actual contestación vasca.

Lo que erróneamente suele denominarse "problema vasco" no es en realidad el problema vasco, el problema de los vascos. Éste no es otro que dotarse de un mínimo reconocimiento nacional, de su unidad territorial y de la normalización de la lengua vasca. Si el "problema vasco" es el que le crea ETA al Gobierno español, ése será entonces un problema español, derivado del problema vasco, pero no será el problema vasco.

Ambas caras de la moneda están unidas y no es posible, o al menos verosímil, el arreglo de lo uno sin el arreglo de lo otro. Hace ya años, el 18 de abril de 1982, poco antes del acceso de su partido al poder, el alto dirigente del PSOE José María Benegas ironizaba con razón: "Desde hace bastante tiempo a todos los ministros del Interior les he oído decir que son los últimos coletazos de ETA". Hoy sólo habría que añadir que también los ministros del PSOE se han limitado a repetir lo mismo.

Desgraciadamente, la razón vasca es tan incomprendida para la izquierda española como para la derecha española y eso hace que nuestro libro mantenga su valor con independencia del color gubernamental de Madrid o de París.

El ilustre nacionalista vasco Telesforo Monzón, diputado en la época de la República y también en el posfranquismo, ya fallecido, solía repetir: "A los vascos les han defendido siempre los españoles cuando estaban en la oposición. Pero cuando llegaban al poder, esa amistad se apagaba mucho. Cuando mandaban los de izquierdas, éramos trogloditas, cavernícolas, capitalistas, reducto del Vaticano. Cuando mandaban los de derechas, en cambio, masones, rojos, separatistas y vendidos a Moscú".

El objeto de nuestro libro es, pues, el tema nacional vasco, y no trata de explicar otras contradicciones y problemas del País, aunque pueda tocarlos de pasada. Como su intención es repasar ese tema nacional de un modo global y el lector tal vez conoce ya unos u otros aspectos suyos, la lectura del libro no tiene por qué ser íntegra.

Quienes están suficientemente enterados de la situación de la lengua vasca o, por ejemplo, de la cuestión represiva, pueden saltarse la lectura de la parte correspondiente. O la de la parte histórica. Los capítulos que dan la clave del libro son probablemente el primero y el último.

El estar escrito con vistas a su traducción a varias lenguas europeas explica alguna de sus opciones terminológicas y ortográficas.

Capítulo 1

Un país invertebrado

El vasco da tanta importancia a su lengua que se autodefine a sí mismo precisamente por ese rasgo, por el rasgo lingüístico. No se autodesigna en relación con una raza o tribu, con una divinidad, con una localización geográfica... sino en relación exclusiva con su lengua.

Para decir en idioma vasco que una persona es vasca, se dice que es "euskaldun", lo que significa muy precisamente "vascoparlante", "que habla vasco". No hay otra manera de decir vasco en vasco. Eso nos planteará el problema de cómo denominar a los hijos del País que actualmente no hablan su lengua, pero esta cuestión es aquí secundaria. De lo que se trata ahora es sólo de subrayar la importancia central que tradicionalmente el vasco ha dado a su idioma.

Del mismo modo, el propio País Vasco se designa en su lengua con las palabras Euskal Herria, que etimológicamente significan "pueblo de la lengua vasca", y que designan tanto al País Vasco como al pueblo vasco. Ese doble significado equivaldría a que en español se nombrasen con una misma palabra los conceptos de España y de pueblo español.

Otra palabra que desde hace un siglo se ha venido utilizando como equivalente de País Vasco o Euskal Herria es la palabra "Euskadi", de contenido más político.

"La lengua vasca es una patria, casi una religión", había escrito Víctor Hugo en su obra *Los Pirineos,* de 1843, admirado por el apego de los vascos a su idioma, según pudo apreciar a su paso por este País.

"Si la historia de los últimos tres mil años –concluye el historiador Roger Collins en su libro *Los vascos,* editado por Alianza Editorial en 1989– tiene alguna lección que darnos, es sin duda que el mantenimiento de la entidad vasca se debe más a la independencia lingüística que a la política".

"Si los vascos existen hoy como tales, como comunidad o como pueblo, eso ocurre sobre todo gracias a la pervivencia de la lengua", escribió por su parte nuestro famoso lingüista Koldo Mitxelena, fallecido en 1987. "No es casual que los límites, por imprecisos y variables que sean según el juicio de cada uno, de lo que se conoce por Vasconia o País Vasco se cierren, incluyéndola, en torno a la zona de habla vasca, mientras dejan fuera regiones que conocieron y usaron la lengua, pero la perdieron hace ya algunos siglos".

De esta manera, la extensión de la lengua nacional ha indicado tradicionalmente el ámbito del territorio que suele considerarse vasco. Las palabras Euskal Herria se aplican hoy en día en lengua vasca a las provincias de Álava, Guipúzcoa y Vizcaya, en territorio español, a las de Lapurdi y Zuberoa, en el francés y a la de Navarra, repartida entre ambos.

De este modo, considerando a toda Navarra como una sola provincia, el País Vasco tiene seis provincias. En cambio, si distinguimos la Navarra norte de la sur, tendría siete, que es el número de provincias popularizado desde el surgimiento del nacionalismo vasco a fines del siglo pasado.

Pamplona, la capital de Navarra, es también la más antigua capital vasca. La Navarra bajo dominio francés, o Baja Navarra, tiene por capital a San Juan Pie de Puerto.

Gráfico 1 **El País Vasco**

Extensión y habitantes

El territorio vasco tiene una superficie de 20.000 kilómetros cuadrados, inferior al de Galicia o al del Principado catalán, que rondan los 30.000 cada uno.

El sur del País Vasco, la parte de dominio español, constituye la gran mayoría de esa superficie, contando el norte (la parte de dominio francés) con únicamente algo más de la décima parte del total (el 14%). La provincia de Álava es por sí sola tan extensa como todo el norte.

La provincia de Navarra (así designaremos a la parte sur de la Navarra completa) supone la mitad del territorio vasco. Las restantes seis provincias se pueden agrupar por su superficie en dos series:

– las tres del sur, cada una de las cuales comprende del 10% al 15% del territorio vasco

– las tres del norte, cada una de las cuales comprende del 4% al 6% de este territorio

Por su dimensión, entre las primeras destaca un poco Álava y entre las segundas Baja Navarra.

Teniendo en cuenta que la superficie total del Estado español ronda los 500.000 Km², el sur vasco representa su 3'5%. Como el Estado francés tiene por su parte 550.000 Km², el norte vasco supone sólo su 0'5%.

Respecto a la población vasca, si nos atenemos a los últimos censos, asciende a 2.873.512 habitantes, de los que 250.194 corresponden al norte (censo del 15.3.90) y 2.623.318 al sur (censo del 1.3.91).

Gráfico 2 **Número de habitantes**

El norte supone menos de la décima parte de la población de todo el País Vasco. Por lo tanto, su peso en cuanto a población es la mitad del que tenía en cuanto a territorio. Dentro del norte, lo

más importante es con mucho la zona costera o provincia de Lapurdi, desde Bayona hasta Hendaya, donde está concentrada casi toda la población.

Con respecto al sur, su población es similar a la de Galicia, pero es en cambio la mitad de la catalana (Principado). Si consideramos la población de las cuatro provincias del sur vasco, vemos que Vizcaya sola supone cerca de la mitad. Así como territorialmente destacaba con mucho Navarra, poblacionalmente destaca con mucho Vizcaya.

Los habitantes del norte vasco suponen el 0'4% de los del Estado francés mientras los del sur alcanzan el 7'5% de los del español.

La densidad de población es muy elevada en las provincias de Vizcaya y Guipúzcoa, muy industrializadas y con un territorio reducido, y les sigue Lapurdi, que concentra las actividades turísticas de la costa norte.

El País Vasco, a falta de una entidad política y de una dirección económica unificada, ha experimentado un crecimiento muy desequilibrado, lo que ha creado fuertes desajustes entre unas zonas y otras, como pone de manifiesto la heterogeneidad de densidades.

Cuenta con cinco capitales importantes, entre las que destaca Bilbao, con cerca de medio millón de habitantes (bastantes más si le unimos los municipios del llamado Gran Bilbao). Las otras tres del sur –Pamplona, San Sebastián y Vitoria– tienen alrededor de 170.000 habitantes cada una. La quinta en importancia sería Bayona, ya en el norte, con 50.000 habitantes.

Además de las capitales, a lo largo de la historia hay que destacar el papel de las pequeñas capitales comarcales, es decir, las de cada valle y demarcación natural o tradicional.

Tres tercios políticos

Las siete provincias del País Vasco no están reunidas en una sola institución política sino que se dividen en tres trozos distintos: las tres provincias del norte por una parte, las tres occidentales por otra y la Navarra del sur pirenaico por otra.

El *norte vasco,* dentro del Estado francés, no constituye un departamento por sí solo, sino que está incluido, junto al Bearn, en el denominado Departamento de Pirineos Atlánticos, cuya capital conjunta es Pau, la capital del Bearn, ejerciendo Bayona de subcapital del departamento.

El programa electoral que llevaba François Mitterrand a las elecciones de 1981, en las que resultó vencedor para la presidencia francesa, incluía un punto en el que se prometía la conversión del norte vasco en un departamento propio. Una vez obtenida la victoria, y pese a que le fuese reclamado en numerosas ocasiones, el nuevo presidente francés se negó tajantamente a poner en práctica su promesa electoral.

El hecho es que, hoy como ayer, las provincias vascas bajo dominio francés carecen de cualquier tipo de reconocimiento legal: ni departamento, ni circunscripción electoral, ni distrito judicial o universitario... ninguna competencia.

Como un rayito de esperanza de cara al futuro, hay que anotar la formación en 1994 de un Consejo de Electos del País Vasco (norte) y de un Consejo de Desarrollo, que, aunque de carácter meramente consultivo, incluyen a todos los municipios del País Vasco norte.

Las tres *provincias occidentales* del País Vasco, es decir, Álava, Guipúzcoa y Vizcaya, se han venido denominando tradicionalmente "provincias vascongadas", debido a que en la antigüedad –según una de las hipótesis– habrían sido vasconizadas por sus vecinos orientales navarros, los vascones.

Desde el acuerdo alcanzado el 17.7.79 entre el Gobierno madrileño y el Partido Nacionalista Vasco y, más oficialmente, desde el referéndum autonómico del 25 de octubre de aquel mismo año en estas tres provincias, su territorio ha pasado a constituir una de las 17 autonomías del Estado español, bajo la denominación de Comunidad Autónoma Vasca, CAV, con cuyas siglas lo designaremos en nuestro libro. Su capital está fijada en la ciudad de Vitoria.

Finalmente, *la Navarra* surpirenaica ha constituido otra de dichas 17 autonomías bajo la denominación de Comunidad Foral Navarra. La ley que la regula se denomina *Amejoramiento del Fuero Navarro.* En marzo de 1982 lo firmaron en Madrid los representantes navarros junto a los del Gobierno español, a los pocos días fue aprobado por el Parlamento Foral Navarro y el 30.6.82 se aprobó en el Congreso de los Diputados de Madrid.

La palabra fuero procede del latín *forum*, que indicaba el lugar en que se impartía la justicia, y en el País Vasco se utiliza tradicionalmente para designar las propias leyes vascas.

La separación institucional vasca, a lo largo de los últimos siglos, venía situándose únicamente entre las partes norte y sur del País. Con la ley de creación de la Comunidad Autónoma Vasca, a esa separación se le ha añadido la producida entre las provincias occidentales y Navarra. Y, por fin, la citada ley del Amejoramiento foral rubrica y consolida esta separación.

Con lo cual, desde 1982, el País Vasco está dividido políticamente en tres tercios, a los que llamaremos Norte, CAV y Navarra.

Gráfico 3 **Separación institucional desde 1979**

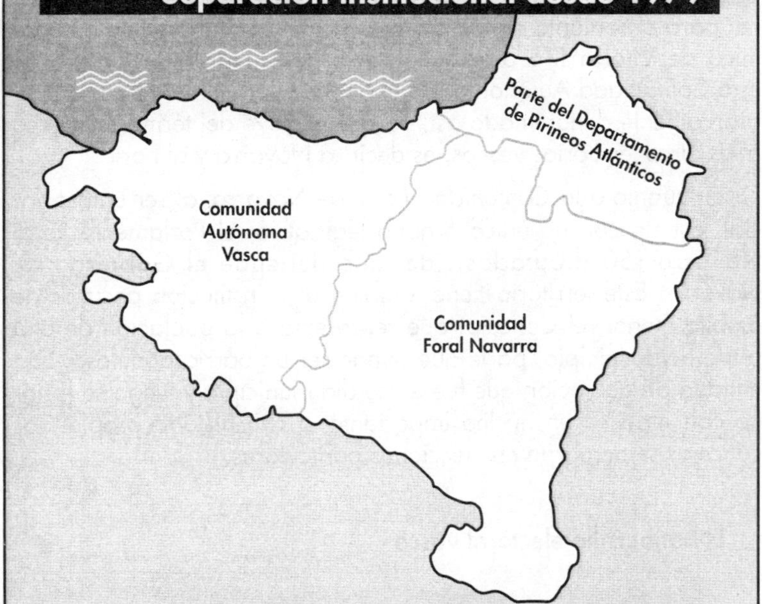

Distintas instituciones de cada tercio

Vamos a mencionar ahora las instituciones con que cuenta cada uno de los tres tercios vascos, para pasar después a enumerar las distintas convocatorias electorales a que se ven llamados.

Como hemos dicho, el *norte* vasco está integrado, junto al Bearn, en el Departamento de Pirineos Atlánticos. Precisamente el Conseil Général, o parlamento de ámbito departamental, en el caso de Pirineos Atlánticos, tiene su sede en el mismo edificio del Parlement de Navarre, que en tiempos antiguos también sirvió de sede de las Cortes Navarras en la ciudad de Pau.

El citado departamento se agrupa además junto a otros cuatro de la costa suroccidental francesa para constituir el Conseil Régional de Aquitania, el parlamento correspondiente al ámbito regional, que se reúne en Burdeos.

Por lo que respecta a la *Comunidad Autónoma Vasca,* cuenta con tres miniparlamentos provinciales, las Juntas Generales (con 51 miembros cada una), cuya misión es principalmente designar y controlar la diputación de la respectiva provincia. Además dispone, para el conjunto de las tres provincias, del Parlamento autonómico de Vitoria (75 diputados), el órgano legislativo propio de esta Comunidad Autónoma. De él depende el Gobierno vasco, impropiamente denominado así, ya que excluye del término "vasco" a los otros territorios vascos, es decir, a Navarra y al norte.

En cuanto a la *Comunidad Foral de Navarra,* al ser uniprovincial, cuenta con un único órgano legislativo, el Parlamento Foral Navarro (50 diputados), del que depende el Gobierno de Navarra. Este territorio tiene también otra institución peculiar de ámbito menor, el Concejo, que representa a la población de una parte del municipio, parte que puede ser un barrio populoso, una entidad de población que fue en su día municipio y luego se fusionó con otras, o un núcleo importante, o con historia propia. Los concejos se nombran en elecciones particulares.

El batiburrillo electoral vasco

En el conjunto del País, entre los vascos de uno y otro lado de la frontera, votan para designar, total o parcialmente, nada menos que 12 instituciones distintas: Ayuntamiento, Concejo (en Navarra), Conseil Général de Pirineos Atlánticos, Juntas Generales de las tres provincias occidentales, Parlamento Foral Navarro, Parlamento Autónomo de Vitoria, Conseil Régional de Aquitania, Congreso y Senado españoles, Asamblea Nacional francesa, presidente de esa República y Parlamento Europeo.

Gráfico 4 **Territorios vascos que votan separadamente**

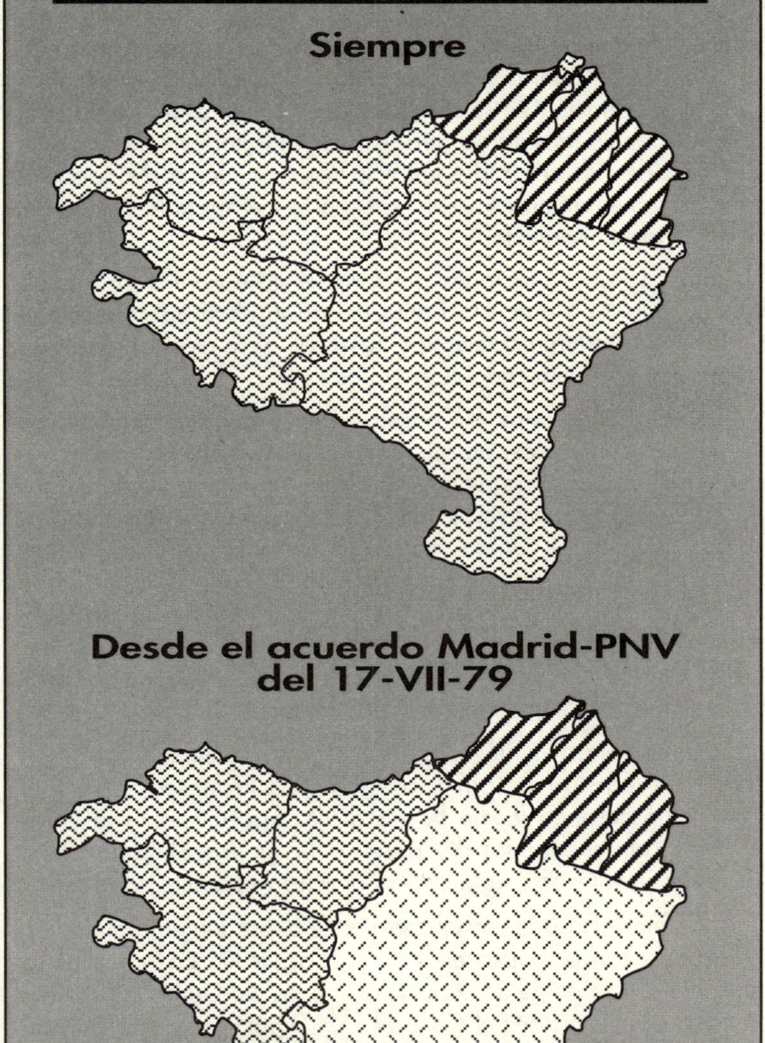

Demasiadas instituciones, sin duda, para un país bien pequeño. Y más aún cuando esa gran cantidad de instituciones, en vez de fortalecer el País, lo que hacen es atomizarlo y debilitarlo.

En cada uno de los tres tercios separados del País, el ciudadano deposita un total de seis papeletas electorales, es decir, vota para la designación de seis instituciones, si bien éstas varían parcialmente de un territorio a otro. La única institución y elección en que coinciden las tres partes del País Vasco son las correspondientes al Parlamento Europeo, si bien el norte y el sur lo hacen en circunscripciones separadas.

Entre las seis votaciones del *lado norte* no entra el Senado francés, debido a que esta institución no la elige directamente el ciudadano sino indirectamente a través de otros electos, siendo su renovación completa cada nueve años.

Las elecciones para el Conseil Général del departamento se denominan cantonales, porque cada representante (conseiller) es elegido en uno de los cantones electorales en que se divide a estos efectos el departamento. Los cantones son, pues, distritos electorales que abarcan en general más de un municipio (si éstos son pequeños), aunque a veces constituyen uno solo o incluso una parte de un municipio, si es grande. Las elecciones cantonales se realizan cada tres años, pero en cada ocasión se renuevan sólo la mitad de los representantes, de modo que en cada elección cantonal se vota únicamente en la mitad de los cantones.

Las elecciones municipales francesas se convocan cada seis años. Las legislativas para la Asamblea Francesa y para el Parlamento Europeo (como hemos dicho, esta última es la única instancia común entre las dos partes del País Vasco), cada cinco. Las presidenciales son cada siete años y las regionales cada seis.

En el *sur del País* las seis papeletas se depositan en realidad en sólo cuatro convocatorias electorales, porque en dos de ellas se depositan de un golpe dos papeletas. En las elecciones legislativas hay una papeleta para el Congreso de Diputados y otra para el Senado. Y en las elecciones municipales hay una papeleta para el Ayuntamiento y otra para Juntas Generales (provincias occidentales) o Parlamento Foral (Navarra). En esta parte sur del País no hay elecciones presidenciales porque al Rey no se le vota.

En el Estado español, las elecciones legislativas al Congreso y Senado, así como las municipales, son cada cuatro años. Las del

Parlamento Europeo, al igual que en todos los países que lo constituyen, son cada cinco.

En las tres provincias vascas occidentales, tanto la elección de las Juntas Generales de cada provincia (combinada con las municipales) como la del Parlamento Autónomo se efectúan cada cuatro años.

En Navarra, las elecciones del Parlamento Foral y de los miembros de los Concejos son el mismo día de las municipales; en consecuencia, son cada cuatro años.

Los distritos oficiales

Hasta aquí hemos visto los distritos de tipo político en que está compartimentado el País Vasco, que no queda reconocido como unidad política en ninguna instancia. Pero hemos de añadir ahora que los demás distritos, los de instituciones que no son políticas, como el Ejército, la Iglesia Católica, la Universidad, etc., o que, al menos, no son políticas en sentido estricto, tampoco reconocen la entidad vasca.

La única asociación que cubre el País Vasco en su totalidad es la Academia de la Lengua Vasca. Todas las demás instituciones oficiales establecen sus demarcaciones sin adaptarse territorialmente a nuestro País.

En el *norte,* los distritos del Ejército francés en sus distintas ramas, así como los distritos judiciales, los universitarios, los eclesiásticos, etc., tienen un ámbito, variable de unos a otros, pero siempre superior al vasco. Como excepción, se puede citar la Cámara de Comercio de Bayona, que desde hace unos años engloba todo el territorio del País Vasco norte; así como el Consejo de Electos y el de Desarrollo, implantados en 1994.

Respecto al *sur,* cabe decir que sólo se amoldan a la territorialidad vasca algún colegio profesional, alguna federación deportiva, el Real Automóvil Club y poco más, lo que hacen empleando el término "vasco-navarro". También se adapta al País la Compañía de Jesús, ya que su provincia de Loyola coincide con los cuatro territorios del sur vasco. Durante el franquismo había más instituciones que reconocían el sur vasco que durante la democracia.

Para el Ejército español de tierra, el sur vasco está incluido, junto a varias provincias españolas, en la quinta región militar, la del Pirineo Occidental, con capitalidad en Burgos. Para el de mar, se incluye en la amplia "zona del Cantábrico", cuya capital es El Ferrol. Y para el del aire, en la zona tercera, que abarca todo el nordeste peninsular y tiene la sede en Zaragoza. Los tribunales militares insertan al País Vasco sur junto a todo el noroeste de la península.

En cuanto a la Iglesia Católica, divide al sur vasco en dos arzobispados distintos. Uno comprende Guipúzcoa, Navarra, Rioja y parte de Aragón y el otro Vizcaya, Álava, Burgos, Palencia y Soria. Cuando en noviembre de 1982, el Papa Juan Pablo II visitó el País Vasco, todos los medios de comunicación estuvieron pendientes de si se arrodillaba o no a besar la tierra de Loyola al aterrizar allí, como acostumbraba hacerlo en otros lugares, considerando que aquel gesto sería significativo de un reconocimiento de la territorialidad vasca. No la besó.

Los distritos del Ministerio de Justicia corresponden hoy a las autonomías políticas, de manera que el sur vasco cuenta con el Tribunal Superior de Justicia del País Vasco, con sede en Bilbao, y con el Tribunal Superior de Justicia de Navarra. Ésta es, pues, la territorialidad para temas de derecho civil y penal.

Para los de tipo administrativo, la clasificación es más complicada. Por ejemplo, para un tema de aguas, si se trata de la provincia de Guipúzcoa, que pertenece a la Confederación Hidrográfica del Norte de España, su tribunal será el Tribunal Superior de Justicia de Oviedo, capital jurídica de esa Confederación; si se trata de Navarra, en cambio, que pertenece a la Confederación Hidrográfica del Ebro, el tribunal será el propio de ésta. Y lo mismo sucede con los demás temas administrativos.

Los distritos universitarios están hoy asimilados a las distintas autonomías del Estado español, por lo que hay uno para la CAV y otro para Navarra.

Las regiones policiales se adaptan también, al menos en esta parte de la península, al denominado "Estado de las Autonomías", es decir que un distrito policial se corresponde con la Comunidad Autónoma Vasca y otro con Navarra. Hubo un Plan policial, el llamado Plan Zen, de 1983, que explicamos en el capítulo 7, y que abarcaba para la lucha contra ETA a las cuatro provincias, a las que denominaba ZEN, Zona Especial Norte. Aquél fue el único reconocimiento oficial, precisamente policial, del sur vasco como un todo.

La caricatura del no reconocimiento oficial se produce en el terreno deportivo, donde el País Vasco no puede competir internacionalmente con su propia selección de fútbol, tal como lo hacen, por ejemplo, Escocia o Gales. Y el mismo principio rige en todos los demás deportes, incluidos los genuinamente vascos, como la pelota.

Capítulo 2

La agonía de una lengua milenaria

"La lengua vasca –escribía el antes citado lingüista Koldo Mitxelena– es una lengua pequeña, o sea, comparativamente poco extendida, que sigue viva en una comunidad también reducida, asentada en el extremo occidental de los Pirineos y en el rincón del Golfo de Vizcaya, a ambos lados de la frontera franco-española".

La palabra vasca para designar a la propia lengua es "euskara". Del idioma vasco cabe decir que es el más antiguo de Europa, que es el primitivo de la zona en que se habla hoy y que carece de parientes conocidos.

¿Qué puede significar que el idioma vasco sea el más antiguo de Europa, cuando todas las lenguas proceden unas de otras y, en definitiva, de algún modo todas son igual de viejas?

Significa que la lengua vasca es la única lengua pre-indoeuropea de Europa. A principios del segundo milenio antes de Cristo suele situarse la entrada en Europa de las tribus indoeuropeas, conocedoras de la agricultura, utilizadoras de la rueda y que se hallaban entonces en la Edad del Bronce.

Casi todas las lenguas europeas actuales descienden de ese tronco indoeuropeo: lo mismo las grandes ramas, como las lenguas latinas, las germánicas, las eslavas o las célticas, que las de menor extensión como el griego o el albanés. Algunos otros idiomas, como el húngaro, estón, lapón o finlandés, son ajenos a ese gran tronco común, pero llegaron a Europa con posterioridad a la invasión indoeuropea.

La única lengua anterior a dicha invasión es, pues, la vasca. Ése es el único significado de que la lengua vasca sea la más antigua de Europa: que es la más antigua aquí en Europa. Las demás podrán ser en cierto modo igual de antiguas, pero fuera de Europa. Sólo la lengua vasca se conserva de entre las que se hablaban en este continente a la llegada de los indoeuropeos, hace ahora unos 4.000 años.

Del idioma vasco cabe decir también que es el primitivo de la zona en que se habla hoy. "En el territorio de los vascones antiguos –continúa escribiendo Mitxelena– estaba en uso una forma antigua de la lengua vasca en los primeros siglos de nuestra era". No hay testimonio alguno de otra lengua que se hubiese hablado en el actual territorio vasco con anterioridad a la vasca.

La lengua vasca –caso muy poco frecuente en el mundo– carece de parientes conocidos, por lo que se la considera una lengua isla. Se le han buscado posibles parentescos con otras muchas lenguas, y en particular con la ibérica, las caucásicas o lenguas norafricanas, pero nada ha podido todavía probarse. No es que no hubiese tenido parientes. Tuvo que tenerlos, como todas las lenguas. Pero no sólo todos ellos han muerto sino que, además, lo han hecho hace tanto tiempo que nos es muy difícil rastrearlos.

La zona vascoparlante

No todo el territorio del País Vasco o Euskal Herria es vascoparlante. Pertenecen en su casi totalidad a lo que llamaremos zona vascoparlante las provincias de Baja Navarra, Guipúzcoa, Lapurdi y Zuberoa. (Ver gráfico 6). En cambio tienen zonas no vascoparlantes las de Álava, Navarra y Vizcaya.

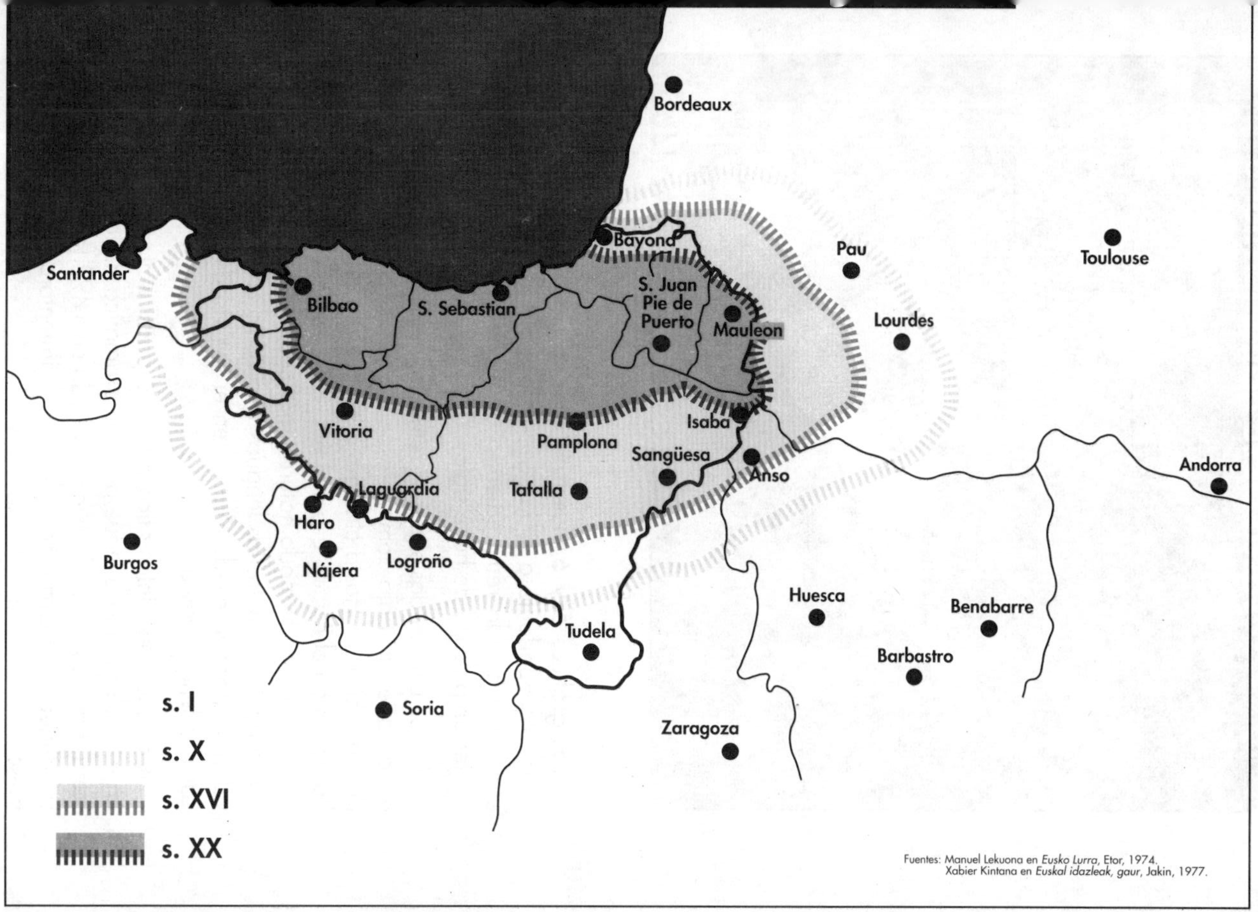

Fuentes: Manuel Lekuona en *Eusko Lurra*, Etor, 1974.
Xabier Kintana en *Euskal idazleak, gaur*, Jakin, 1977.

Gráfico 6 **Retroceso reciente de la lengua vasca en su actual territorio**

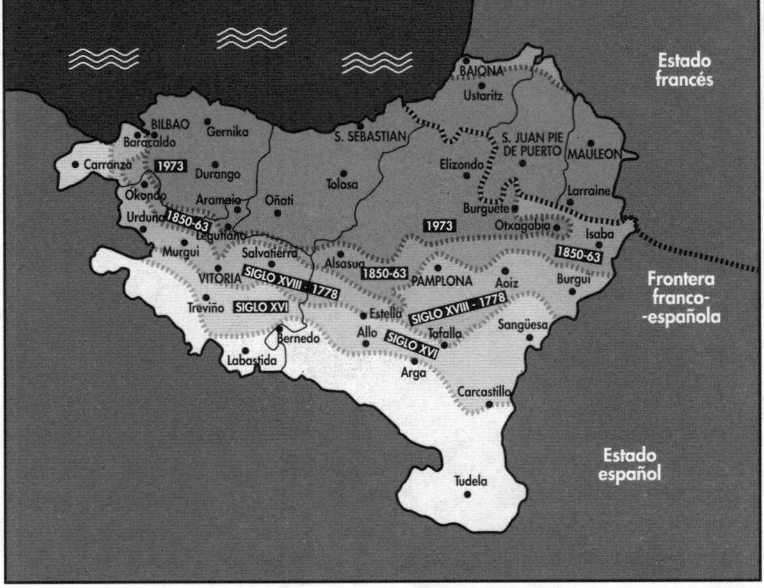

Los gráficos 5 y 6 muestran cuál ha sido la evolución de la zona vascoparlante a lo largo del tiempo. Como se ve en ellos, esta zona ha ido retrocediendo de modo lento y más o menos ininterrumpido desde hace siglos.

En los últimos dos siglos el retroceso ha sido mucho más claro en la parte sur, bajo dominio español, que en la parte norte, bajo dominio francés. Hasta el cambio de dinastía de los Austrias a los Borbones en el Estado español en 1701, ese retroceso se produjo probablemente de modo natural, más como consecuencia de la lucha espontánea entre las lenguas que como consecuencia de una voluntad positiva desde Madrid en el sentido de ir restando fuerzas a la lengua vasca.

Con todo, es sintomático que el español Antonio de Nebrija, en su prólogo a la que fue primera gramática de la lengua castellana, bajo los Reyes Católicos, editada en 1492 (el mismo año de la conquista de Granada y del descubrimiento de América), escribiese:

"I cierto assí es que no solamente los enemigos de nuestra fe, que tienen ia necesidad de saber el lenguaje castellano, mas los vizcainos, navarros, franceses, italianos, i todos los otros que tienen algún trato y conversación en España y necesidad de nuestra lengua, si no vienen desde niños a la deprender por uso, podrán la más aína saber por esta mi obra".

De manera que ya la primera gramática española tenía entre sus objetivos expresos el aprendizaje de esta lengua por parte de navarros y vizcaínos, que sin duda en aquel entonces muy poco conocimiento tenían de ella, ya que hablaban en idioma vasco.

Pero fue la entrada de Felipe V de Borbón la que marcó el verdadero inicio de una política lingüística positivamente favorable a la extensión en todo el Estado de una lengua única, el castellano, y al desgaste paulatino de las demás.

En la respuesta que Felipe V dio en 1717 a una serie de peticiones –entre otras, lingüísticas– hechas por los mallorquines, les dice que "se procure mañosamente ir introduciendo la lengua castellana en aquellos pueblos".

Todavía más explícitamente les dirigía el mismo año una instrucción secreta a los corregidores de Cataluña con esta orden: "Pondrá el corregidor el mayor cuidado en introducir la lengua castellana, a cuyo fin dará las providencias más templadas y disimuladas para que se note el efecto sin que se note el cuidado". (La cita la recogemos de Josep Meliá, en *Informe sobre la lengua catalana*, de 1970).

El tratamiento oficial de la cuestión dado a lo largo de los siglos XVIII, XIX y XX no fue sin embargo uniforme. Aunque la política lingüística de Madrid y París fuese siempre, más o menos disimuladamente, desfavorable a la lengua vasca, los signos externos de esa política denotaban unas veces una voluntad más expresa que otras.

Como botón de muestra, citaremos a este respecto el punto de vista del ya mencionado historiador Roger Collins, nada sospechoso de vasquismo, quien en su libro *Los vascos* (Alianza Editorial, 1989) afirma que "a ambos lados de la frontera se presionó para hacer a los vascos más plenamente franceses o más plenamente españoles. Ya en el siglo XIX hubo intentos de debilitar el uso del vasco en las regiones vascas españolas; esto no fue sólo un fenómeno español posterior a la Guerra Civil" y alude en otro lugar de la misma obra al "creciente flujo inmigratorio, incitado hasta hace poco por un gobierno central que consideraba una amenaza para la unidad nacional de España la excepcional herencia racial y lingüística vascas".

Recordemos asimismo la conocida práctica, al menos durante toda la primera parte de este siglo, del anillo escolar para impedir mediante castigos el uso de la lengua vasca en las escuelas. Incluso en ciertas épocas y lugares la población favorecía los métodos que discriminaban a este idioma, condicionada ella misma –la población– por la actitud oficial y por la de los notables locales.

No entraremos aquí en la descripción de los vaivenes y matices de la política lingüística seguida en los últimos siglos para no alargar este tema. Digamos sin embargo que, si en general tenía ese carácter solapado que hemos visto, pasó a tener un carácter abierto con la implantación del régimen franquista al sur de los Pirineos, régimen que llegó a prohibir expresamente la rotulación en lengua vasca y el registro civil de los niños con nombres vascos, como "Iñaki, Kepa, Koldobika y otros que denuncian indiscutible significación separatista", como diría una Orden del año 38.

La Academia de la Lengua Vasca, creada en 1918, no fue reconocida nada menos que hasta 1976, tras la muerte del dictador.

El hecho es que entre unas y otras causas hoy nos encontramos con una zona vascoparlante cuya extensión es la que aparece en el gráfico 6. De ella quedan, pues, excluidas una pequeña parte de Baja Navarra y Lapurdi, una parte proporcionalmente mayor de Vizcaya y una parte muy importante de Navarra y, sobre todo, de Álava. Hay que señalar de modo especial que quedan igualmente excluidas de ella cuatro de las cinco principales capitales vascas: Bayona, Bilbao, Pamplona y Vitoria. San Sebastián es la única capital importante que pertenece a la zona vascoparlante.

El número de vascoparlantes

Pero lo peor para la lengua vasca no es quizá el retroceso de la zona vascoparlante sino la pérdida de fuerza proporcional de este idioma *en el interior* de esa zona.

En efecto, los mapas que suelen publicarse, incluidos nuestros gráficos, dan la imagen del retroceso en el tiempo de la extensión territorial pero no del retroceso de intensidad en el interior de la zona. Aunque en realidad ambos retrocesos son concomitantes, resulta más grave el segundo que el primero.

Para conocer la intensidad de la lengua propia en las provincias vascas, habremos de empezar por conocer el número de individuos vascoparlantes y compararlo con la población total.

El cálculo realizado hace más de un siglo por Ladislao de Velasco nos permite saber que entonces hablaban vasco la mitad de los habitantes de las siete provincias, más concretamente el 54%. Lo hablaban prácticamente la totalidad de los vizcaínos y guipuzcoanos, la mitad de los habitantes del norte vasco, una quinta parte de los navarros y el 12% de los alaveses.

Aquel 54% de 1868 ha descendido en 1991 al 23'7%, según puede observarse en el siguiente cuadro tomado del anuario "Euskadi 1993" editado por el periódico *Egin*. El número de vascoparlantes procede de los datos censales de 1991 para el sur del País Vasco y de una encuesta de la empresa Siadeco en 1990 para el norte:

Número y proporción de vascoparlantes (1991)

Territorio	Habitantes	Vascoparlantes	% vascoparlan/habitantes
Álava	272.447	25.300	9'3
Baja Navarra	29.298	18.897	64'5
Guipúzcoa	676.488	310.100	45'8
Lapurdi	204.598	53.195	26'0
Navarra	519.277	52.023	10'0
Vizcaya	1.155.106	212.600	18'4
Zuberoa	16.298	8.915	54'7
Total	2.873.512	681.030	23'7

Gráfico 7 **Proporción de vascoparlantes**
% sobre los habitantes de cada provincia

De manera que hoy en día sabe hablar vasco el 23'7% de los habitantes del País, más en unas provincias que en otras. (El porcentaje de vascoparlantes entre sólo los habitantes de la "zona vascoparlante" –sin contar ahora los de las zonas no vascoparlantes– es lógicamente algo superior).

El descenso del porcentaje de vascoparlantes a lo largo del último siglo ha sido mucho más fuerte en el sur del País que en el norte, debido a la diferente industrialización, mayor en el sur, lo que ha atraído a una gran masa de población hispanoparlante.

Sin embargo el descenso experimentado por esta cifra (proporción de vascoparlantes entre la población total) no ha sido permanente a lo largo de ese período sino que en sus últimos años y en el sur del País ese porcentaje ha experimentado una esperanzadora inflexión hacia arriba.

En efecto, los recuentos censales realizados desde 1981 contaban con una pregunta relativa al conocimiento del idioma vasco.

El censo de 1981 incluía esa pregunta en Álava, Guipúzcoa y Vizcaya; los de 1986 y 1991 la incluía también en Navarra. En cambio, por desgracia, los censos del norte vasco –Estado francés– nunca han recogido el dato lingüístico, lo que nos impide conocer la evolución reciente allí.

Limitándonos, pues, a la parte sur, la proporción de vascoparlantes sobre el total de habitantes fue el 21'5% en 1981, el 24'5% en 1986 y el 26'0% en 1991, referido el dato a las tres provincias que constituyen la denominada Comunidad Autónoma Vasca (CAV), que comprende Álava, Guipúzcoa y Vizcaya. Si lo referimos a las cuatro provincias del sur vasco (es decir, las tres anteriores más Navarra), podemos decir que fue el 21'7% en 1986 y el 22'9% en 1991.

Está claro, por lo tanto, que el porcentaje de vascoparlantes ha subido en los últimos años en toda la parte meridional del País según los censos oficiales, lo cual constituye sin duda un indicador esperanzador de tendencia positiva.

Hay que advertir, sin embargo, que los datos censales parecen abultados en su sección relativa a la lengua vasca, puesto que los habitantes suelen mostrar una tendencia a sobrevalorar su conocimiento de dicha lengua. Desgraciadamente, las autoridades prefieren no realizar una sencilla medición del sesgo que se produce en el censo en esta materia, pero el fenómeno en su globalidad (no en su dimensión exacta) es bien conocido.

Se hace difícil admitir, por ejemplo, que el número de vascoparlantes haya crecido de 9.700 a 25.300 en Álava entre 1981 y 1991 o que sean capaces de escribir en lengua vasca cerca de los dos tercios de los vascoparlantes, como pretenden estas estadísticas oficiales. Con todo, la evolución de los datos censales creemos que permite el optimismo en cuanto al crecimiento reciente del número de vascoparlantes.

El uso de la lengua vasca

Pero el uso de la lengua vasca por parte de los vascoparlantes es sólo parcial a lo largo del día, lo cual hace descender aún más el empleo práctico de esta lengua que lo que cabría deducir del análisis abstracto de la zona vascoparlante o del número de vascoparlantes.

Efectivamente, los procesos de sustitución de una lengua por otra suelen producirse en tres fases: en la primera la población sólo conoce la lengua originaria, en la segunda conoce ambas lenguas y en la tercera conoce sólo la lengua sustitutoria. Pues bien, así como hasta hace unos años una parte de la población del País era monolingüe vasca, ese componente de la población ha desaparecido recientemente y ya sólo existen dos grupos de hablantes: los monolingües en español o francés, que son la gran mayoría de los habitantes, y los bilingües, que saben tanto vasco como español (o francés) y que, como hemos visto, suponen su 23'7%.

Esta situación lleva a que se haya convertido en casi imposible el vivir conociendo sólo la lengua vasca, mientras que el hacerlo con sólo el español-francés es posible e incluso es lo más frecuente. El vascoparlante ha de utilizar el otro idioma en al menos una parte de sus relaciones, no sólo por imperativo legal sino también por la relegación social del suyo.

De las 5.300 encuestas realizadas en 1991 en el conjunto del País Vasco por encargo de la Comunidad Autónoma Vasca (CAV) y reseñadas por la revista *Jakin* a fines del 93, se desprende que una mitad aproximada de los vascoparlantes habla más cómodamente la lengua vasca que la española o francesa y la otra mitad, en cambio, habla con más comodidad en español o francés, como efecto del mayor poder de estos idiomas y de la política lingüística de los respectivos gobiernos.

Pero además de ese *factor de comodidad lingüística,* hay otro que incide fuertemente en el sentido de hacer bajar el empleo práctico de la lengua vasca por debajo de lo que cabría deducir del número de sus hablantes. En un grupo de conversación entre vascoparlantes es muy probable que alguno de los contertulios desconozca la lengua vasca, sobre todo cuando el grupo es algo numeroso, y en tal caso la conversación suele derivar al español (o al francés, según la zona del País).

Estos dos factores explican el que, según la encuesta recién citada, sólo la mitad de las *familias vascoparlantes* (el 53%) hablen habitualmente vasco en casa y el que esa proporción de uso descienda al 44% cuando el vascoparlante trata con los amigos e incluso al 37% en sus relaciones de trabajo.

En el año 1989 hubo una asociación que tuvo la excelente idea de medir el uso de la lengua vasca en las calles de los principales municipios del País, los mayores de 10.000 habitantes, en los cuales vive el 70% de la población. La medición dio como resultado que sólo una mitad escasa (42%) *de los vascoparlantes* de esos municipios habla por la calle en lengua vasca, mientras que la otra mitad de los vascoparlantes (el 58%) habla por la calle en español o francés (datos tomados del anuario de *Egin* titulado "Euskadi 1991").

Hay que insistir en que este apartado trata del uso de la lengua por parte de quienes la conocen y, en consecuencia, las cifras que acabamos de dar –lo mismo que las de los párrafos anteriores– se refieren sólo a la parte de población que sabe hablar vasco, no a toda la población. Si las referimos a ésta, habría que decir que de cuantos paseaban junto a los encargados de la medición tan sólo el 7'6% estaba hablando en vasco.

Tanto la encuesta encargada por la Comunidad Autónoma Vasca (CAV) como la medición en los municipios grandes se realizaron en el conjunto del País, norte y sur.

Desgraciadamente, el último estudio citado –el de la medición en la calle– ha sido un hecho aislado, y no disponemos de otros similares a lo largo del tiempo que nos permitan saber si el uso de la lengua vasca (no su conocimiento teórico) avanza o retrocede, aunque nuestra experiencia personal en las calles hace pensar, como hipótesis más probable, en un descenso lento pero ininterrumpido a lo largo de los años. El simple recorrido a pie de las plazas y paseos de los distintos pueblos y ciudades es una indicación dificilmente cuestionable de que el empleo común de la lengua vasca se encuentra en momentos realmente agónicos, o muy poco menos.

La actual tendencia de la lengua vasca parece ser a convertirse en un idioma de cultivo universitario, dejando paulatinamente de ser un idioma de la calle, es decir, una lengua viva. Y sólo un gran esfuerzo coordinado de todos sus defensores, al unísono, podría impedirlo.

Con toda razón el presidente del Partido Nacionalista Vasco, Xabier Arzalluz, escribía en el periódico *Deia* del 13.12.87 que la lengua vasca "vive en una situación no precisamente de receso sino de agonía".

Para resumir los últimos apartados habría que decir que no todo el actual País Vasco es zona vascoparlante, que tampoco todos los habitantes de dicha zona son a su vez vascoparlantes y, finalmente, que tampoco los que sí lo son utilizan en conjunto esta lengua la mayor parte de su tiempo.

Hay quienes dicen que la lengua vasca va avanzando poco a poco, que se va recuperando de su secular marginación. Todos los datos hacen pensar, sin embargo, que estas personas –autoridades o no– son demasiado optimistas y que, más que andar por la calle, viven metidas en sus despachos.

La conciencia de la pésima situación de su idioma por parte de los vascos –conciencia todo lo difusa que se quiera, pero muy extendida– es sin duda alguna uno de los más fuertes motivos de su disconformidad y protesta contra las instituciones políticas que consienten esa situación lingüística. Es una poderosísima causa latente de su rebeldía.

El idioma da a los vascos su principal sentimiento de identidad colectiva. Y este concepto de identidad colectiva, aunque no tiene cabida en los esquemas políticos imperantes de derecha e izquierda, tiene una importancia capital para los pueblos minorizados.

Para comprenderlo, cabe compararlo con el sentimiento de identidad individual, que es el que sí tiene cabida en el esquema político vigente, que reconoce a las personas pero no a los pueblos. Si a alguien se le pregunta si quiere ser tan sano como otra persona concreta, tan guapo como ella, tan joven como ella, tan acaudalado como ella... contestará que sí. Pero al preguntarle si en ese caso le gustaría pasar a ser esa otra persona, sin duda contestará que no. Querrá tener todas esas ventajas del otro, pero sin pasar a ser el otro, sin renunciar a ser él mismo.

El sentimiento de identidad se entiende bien a escala individual, pero por lo visto mal a escala colectiva. Y, sin embargo, es un sentimiento sencillo, elemental y poderoso.

El idioma no es la única seña de identidad vasca. Lo son también los deportes vascos, la danza, las costumbres, las peculiaridades sicológico-culturales (como el sentido del humor, el de la muerte, etc.), la gastronomía, las fiestas, etc. Pero el idioma es, sin duda alguna, la principal.

En todos los países ha habido algún escritor célebre que ha formulado de algún modo la idea de "mi patria es mi lengua", referida a su propio idioma. Pues bien, en el caso vasco, esta idea es doblemente cierta por su arraigo popular y su antigua tradición.

Crece la escolarización en vasco

El observador europeo, al interesarse por el País Vasco, suele partir de una creencia: que los niños y jóvenes de este País, desde la desaparición de Franco, reciben su educación en lengua vasca o que, al menos, al terminar el ciclo de escolaridad obligatoria, llegan a aprender este idioma. Nada más lejos de la realidad.

Tomemos el mencionado ciclo de escolaridad obligatoria como base para nuestra observación, ya que es el que escolariza a los niños de los seis a los catorce años y a nuestros efectos es el período escolar determinante del dominio de su idioma.

Pues bien, en la parte norte del País, en las tres provincias comprendidas en el Estado francés, únicamente el 1'4% de los niños se escolarizan en vasco en ese período escolar, lo que se realiza en los establecimientos denominados *ikastolas* (escuelas), escuelas privadas en lengua vasca, promovidas y sostenidas por las familias de sentimiento vasquista. Por su lado, tanto las escuelas públicas como las religiosas imparten su enseñanza exclusivamente en francés.

En cuanto a la parte sur, la incluida en el Estado español, los alumnos de esas edades se distribuyen en tres tipos de enseñanza según el idioma: la que se imparte sobre todo en castellano (58'3% del alumnado total en el ciclo escolar obligatorio), la que se imparte mitad en castellano y mitad en vasco (19'5% de ese alumnado) y la que se imparte sobre todo en vasco (22'2%). Éste es el resumen para todo tipo de centros –públicos, religiosos y privados, incluidas también las ikastolas– en el curso 1991-92.

Es decir que el 58'3% de los niños que en el sur vasco terminan a los 14 años el ciclo obligatorio de la enseñanza ignoran la lengua vasca, mientras que el 41'7% la sabe. Es, pues, muy importante subrayar que este segundo grupo es minoritario, constituyendo una minoría muy notable, pero que la mayoría termina sus estudios sin el conocimiento de la lengua vasca.

La gravedad de este dato, que, como decimos, se ignora totalmente en los países europeos, se ve compensada, al menos parcialmente, por el hecho de que la proporción de alumnos que aprenden vasco en la enseñanza ha venido creciendo ininterrumpidamente a lo largo de los últimos años: hay una paulatina y esperanzadora sustitución de los modelos educativos en que se ignora prácticamente la lengua vasca por los modelos en que ésta se enseña.

Como sólo disponemos de series homogéneas para las tres provincias de la CAV, diremos que si actualmente, (datos del curso 1991-92), la proporción de alumnado que aprende vasco es el 48'4%, nueve años antes, en el curso 1982-83, era de un 18'9%. La subida ha sido lenta pero continuada a lo largo de esta década, lo que da muestras de un esfuerzo prolongado y fértil. (Advirtamos que el indicado 48'4% equivale al 41'7% de dos párrafos más arriba, sólo que aplicado a tres provincias y no a cuatro, ya que aquí hemos eliminado a Navarra, por falta de datos sobre esta provincia).

Las tendencias positivas en la evolución de la lengua vasca no se agotan, sin embargo, con los dos indicadores positivos que, entre otros, hemos podido exponer hasta aquí: la creciente proporción de vascoparlantes entre la población según los censos y la creciente proporción de alumnos escolarizados en modelos educativos que enseñan vasco.

Hay también otros síntomas de recuperación, aunque no sean tan fácilmente cuantificables; por ejemplo, la existencia de una cadena televisiva totalmente en lengua vasca, que emite desde la CAV y puede captarse desde buena parte del norte del País y del territorio navarro, además de cubrir las tres provincias que la sostienen.

Media docena de emisoras de radio desarrollan asimismo su tarea exclusivamente en lengua vasca, cubriendo todo el territorio. La edición de libros en vasco ha experimentado un gran progreso en su cantidad y en el número de materias tratadas. Existe desde 1990 un periódico diario impreso en vasco, que se añade a las varias revistas existentes con anterioridad.

Otros datos más podrían contribuir a describir el panorama de luces y sombras que ofrece hoy la situación del idioma vasco, pero creemos que éstos son ya suficientes para dar una idea general.

Apoyo oficial a la lengua vasca

En el *norte del País,* las autoridades siguieron desde la Revolución Francesa una política de oposición activa a toda lengua distinta del francés y ello mediante la escuela, el funcionariado, los medios de comunicación y todo tipo de medidas reales y legales.

Hoy en día, en que la lengua vasca va desapareciendo lentamente en sus provincias norteñas, existen muy ligeros atisbos de un tímido apoyo oficial, como son las muy escasas ayudas a los centros donde se enseña esta lengua bien sea al alumnado juvenil o bien a la población adulta. Pero las ayudas son indudablemente pocas en número y muy reducidas en su cuantía.

Además de que lo que se está haciendo en esa parte del País es insuficiente, sería imprescindible un plan general completo de apoyos oficiales para la recuperación lingüística, si es que, contra toda apariencia, hay algunas autoridades interesadas en ello. Sobre el tema del plan volvemos en el apartado siguiente.

Algo similar cabe decir, ya en el sur, de *Navarra,* donde las autoridades le ofrecen a una lengua agónica ayudas que sólo aspiran a mantener esa agonía unos años más, pero de ninguna manera a invertir la situación e iniciar el camino de la recuperación. La Ley del Vascuence, aprobada por el Parlamento Foral Navarro en 1986, divide el territorio navarro en tres zonas, de acuerdo con la actual implantación de la lengua vasca, y establece unos derechos a conocer y usar esta lengua, que son decrecientes según que la zona sea hoy menos vascoparlante y que son muy insuficientes en cualquiera de los casos.

El tercer tercio del País, la *Comunidad Autónoma Vasca,* sigue una política lingüística algo más activa en defensa de la lengua vasca. Ello no es debido a que se hable más este idioma en dicha parte del País –la Baja Navarra es el territorio con mayor proporción de vascoparlantes y Álava el de menor– sino a una mayor presión popular en esta materia, que se materializa parcialmente en un mayor peso del voto vasquista en todo tipo de elecciones.

Un ejemplo sangrante de la desidia del Gobierno de la CAV ha sido, hasta 1994, la falta de reconocimiento oficial y apoyo a esa impresionante organización denominada AEK (sigla que significa Coordinadora de Vasquización y Alfabetización), con centros en las siete provincias vascas, destinados a la vasquización y alfabetización de adultos, en una tarea complementaria a la de la enseñanza escolar a los muchachos jóvenes.

La razón de aquella actitud, que desaprobaba la totalidad de la población vasca, estaba –aunque ello pueda parecer increíble– en el hecho de que la dirección de AEK no pertenece a ninguno de los partidos gobernantes sino que tiene una posición política más radical. Afortunamente el Gobierno de la CAV, aunque sin explicar para nada el motivo del cambio de actitud, en el año 94 llegó a un acuerdo de colaboración con la dirección de AEK.

Otro ejemplo muy similar, y con la misma triste explicación inicial y feliz desenlace final, lo ha constituido durante años la ausencia de toda ayuda al diario *Egunkaria,* editado en un municipio de la CAV, único redactado enteramente en lengua vasca, con una línea editorial abierta y plural y distribuido por la totalidad del País.

Es más, mientras las autoridades insertaban publicidad oficial en los diarios redactados en lengua castellana, se negaban a hacerlo en éste que se publica en lengua vasca, lo cual suponía un grave quebranto para sus posibilidades económicas y para la vida material de sus trabajadores. Para bien de la lengua vasca, también a este inexplicable contencioso le pusieron fin las autoridades de la CAV en 1994, de manera que el diario *Egunkaria* está entrando en un camino de normalización que lo va equiparando, a efectos de ayudas oficiales, al resto de los que se publican en este territorio autonómico.

También la Universidad de Verano en lengua vasca (UEU) se encuentra dejada de la mano de Dios, incluso en nuestros días. Se trata de una iniciativa universitaria en vasco, cuyas principales jornadas se celebran en verano en Pamplona. La UEU dio comienzo en la década de los setenta a partir de las Semanas Culturales de Bayona y sus primeros años se desarrollaron en el País Vasco norte, para pasar después a Pamplona.

Hoy en día las sesiones de la UEU se desarrollan en varias capitales vascas, incluyendo Bayona, pero centran su actividad en Pamplona. A esta importante iniciativa se debe la publicación de más de 180 libros de nivel universitario en lengua vasca, pero recibe una ayuda oficial muy escasa.

En los tres casos –el de AEK, el de *Egunkaria* y el de la UEU–, la falta de sensibilidad de las autoridades se ha visto suplida, como tan frecuentemente ha sucedido a lo largo de la historia del País Vasco, por el esfuerzo y sacrificio desinteresados por parte de una población entusiasta, dispuesta a todo para defender su seña de identidad número uno.

La tendencia general de las autoridades de la CAV en el terreno lingüístico ha sido la menos inteligente. En vez de apoyar a los organismos populares ya existentes –con una pujanza que para sí quisieran otras lenguas minorizadas de Europa–, han tratado de crear otros organismos oficiales que los sustituyesen, cosa que no han llegado a conseguir, resignándose finalmente, tarde y a regañadientes, a la existencia de los primeros.

Ocurre siempre en el País Vasco que la población aventaja a sus autoridades en su celo por apoyar la lengua de sus antepasados. Tras experiencias guipuzcoanas en la década anterior, surgió pujante en los años sesenta y en pleno franquismo el movimiento de ikastolas (ya citado para el norte del País), o escuelas privadas que imparten la enseñanza en lengua vasca, al principio clandestinas, después mal toleradas y nunca apoyadas por las autoridades.

Miles y miles de familias vascas fueron, con su ayuda económica y sus desvelos, las protagonistas de aquella experiencia, única en Europa, que se extendió en pocos años a la totalidad de la geografía del País. En el curso 1991-92 las ikastolas del sur vasco escolarizaban nada menos que al 17% de los alumnos del ciclo obligatorio. Esto ha permitido que una nueva generación –una parte de ella– haya podido recoger el testigo de una lengua arrinconada; la ausencia de estas escuelas habría significado una verdadera catástrofe para la transmisión lingüística a la generación del franquismo.

Aunque el movimiento de ikastolas ha sido recientemente desarbolado por las autoridades de un modo vergonzante (con ahogadoras presiones económicas), el valor de aquella gesta popular permanece intacto, así como el mérito de haber contribuido seriamente a la transmisión lingüística en momentos muy difíciles para el idioma.

Bases para una nueva política lingüística

Realizaciones como las de la Televisión Vasca, la radio oficial en lengua vasca y otras son sin duda necesarias y muy positivas. Pero para salir de la situación agonizante en la que a nuestro juicio continúa encontrándose esta lengua, la política lingüística de las autoridades tendría que modificarse sustancialmente, dando un giro de muchos grados.

De lo contrario el idioma vasco seguirá decayendo como lengua hablada, como lengua de uso corriente, de un modo inexorable aunque resulte imperceptible. Es como las agujas del reloj, cuyo movimiento no es capaz de percibir el ojo humano, pero que pese a ello no dejan de avanzar, tal como demuestra el transcurso de períodos de tiempo más largos.

Y conviene advertir de paso que si el fenómeno nos resulta imperceptible no es porque tenga que serlo sino por la insuficiencia de los medios dedicados a esa percepción y medición; también en esto, en medir la evolución de la lengua vasca, habría, sin duda alguna, que gastar dinero; y con bien poco bastaría para conocerla rigurosamente. Hoy cabría perfectamente medir la evolución positiva o negativa del idioma vasco a lo largo de las décadas, como se mide el nivel de los precios o tantos otros fenómenos complejos.

Desde las instituciones se prefiere hacer triunfalismo, aparentar que la lengua vasca avanza, "despacito, pero avanza", más que aplicar los adecuados termómetros y aparatos de medición y reconocer abiertamente que, por este camino, el enfermo a donde camina, despacio, es hacia su muerte. Se elige la ignorancia –"parece que va bien"– en vez de hacer mediciones científicas hoy para tomar medidas científicas mañana.

¿Qué medidas habría que tomar para una política lingüística que fuese normalizando paulatinamente la situación de la lengua vasca?

La *primera* sería negarse a seguir admitiendo la desigualdad legal en que se encuentra la lengua vasca respecto al castellano en el sur y respecto al francés en el norte. En efecto, estos dos idiomas son obligatorios en sus respectivos Estados, incluido el País Vasco, mientras que el vasco, en su propia tierra, es sólo voluntario. Este idioma constituye una simple cuestión de buena voluntad individual, al tiempo que aquéllos son una necesidad legal.

¿Cómo puede hablarse siquiera de bilingüismo a partir de esa premisa radicalmente desigual? La desigualdad entre sexos o entre razas –o cualquier otra desigualdad en otros terrenos– será probablemente muy difícil de vencer por mil razones de hecho, incluso a partir de una igualdad legal; pero es absolutamente imposible lograr la igualdad real si el punto de partida es la desigualdad legal. Las consecuencias de ésta en la vida del idioma son tan numerosas como negativas: educación en castellano para la totalidad del alumnado y bilingüe para sólo una parte, funcionariado prácticamente monolingüe castellano, etc. La igualdad legal no será suficiente, pero sí es necesaria.

Habría tres maneras de que la lengua vasca no siga discriminada en su casa: que sólo ella sea obligatoria, que lo sea al mismo tiempo que el español-francés y que no lo sea ninguna de ellas. Cada una de estas tres salidas tiene sus partidarios y sus detractores, pero, en cualquier caso, sea por uno u otro camino, la actual discriminación legal debe ser abolida.

La *segunda* medida para una política lingüística que encarase de frente la supervivencia de la lengua vasca sería la colaboración entre las organizaciones gubernamentales y las no gubernamentales interesadas en la materia, siendo estas últimas afortunadamente muchas y muy potentes, como se ha dicho antes.

Las asociaciones de apoyo a la lengua vasca han sido siempre muy numerosas y han contado, y cuentan, con el respaldo de miles de ciudadanos que han volcado en ellas sus desvelos. Igualmente son de subrayar las masivas movilizaciones populares que año tras año han impulsado la defensa de la lengua vasca y la economía de sus centros educativos.

Sin embargo, como escribía en la revista *Herria 2.000 Eliza* en 1990 el sociolingüista Iñaki Larrañaga respecto a estas asociaciones de apoyo al vasco, "su receptividad por las autoridades no es satisfactoria. Es una desgracia que las autoridades políticas no demuestren ninguna intención de coordinar esos múltiples movimientos e iniciativas. Tal coordinación sería necesaria, no con vistas a absorberlas, ni a demolerlas o suplantarlas en provecho de las instituciones, sino más bien para que cada uno pueda seguir su camino en beneficio de las iniciativas de los demás".

La lengua vasca puede que desaparezca lentamente y puede que sea capaz de remontarse y normalizarse. Todos ignoramos cuál de las dos cosas va a suceder. Lo que sí podemos saber ya hoy a ciencia cierta es que, para que suceda lo segundo, habrá sido necesaria una movilización general que reúna al mismo tiempo y en una misma dinámica a la iniciativa institucional y a la iniciativa popular.

La lengua vasca lo tiene demasiado difícil, dificilísimo, como para poder prescindir de ese concurso simultáneo y ser capaz de volver, sin él –renunciando a parte de sus nada sobrados recursos–, a las calles del País.

La *tercera* medida necesaria es una planificación lingüística en la que participen las autoridades de las tres partes hoy separadas del País Vasco (Norte, Navarra y CAV) y que organice de modo racional todos los recursos disponibles, señalando objetivos claros, plazos definidos y medios a emplear. Una planificación comparable a la que se implanta para el desarrollo energético, para el de cualquier sector económico, para el de los centros hospitalarios, etc.

"El proceso de sustitución de la lengua vasca por la española y francesa está muy avanzado –escribía Iñaki Larrañaga en el artículo indicado más arriba– y ha alcanzado casi un punto de no retorno. Si se quiere cambiar esta situación, admitiendo que ese punto de no retorno no se ha tocado todavía, es evidente que hay que tomar medidas de urgencia. No vale la pena continuar como hasta ahora, ni tomar medidas normales. Hay que tomar medidas especiales, severas, si se quiere realmente cambiar la relación de fuerzas".

Por otro lado, la nueva política lingüística no debería ser aplazada a una época muy posterior en el tiempo, porque la mala situación actual de la lengua vasca haría que el remedio llegase acaso entonces demasiado tarde.

Pero también por otra razón. Hoy se puede contar con el apoyo popular a la lengua vasca como palanca fundamental para poner en marcha un esfuerzo de gran envergadura en esta materia. En efecto, en todas las encuestas, las preguntas relativas al apoyo a esta lengua reciben una respuesta positiva que ronda aproximadamente el 80% de la población.

Sin embargo, ese apoyo popular no está garantizado para el futuro. La población vasca podría llegar a cansarse y asquearse ante un esfuerzo lingüístico como el actual, que arroja unos resultados tan escasos. Y, si tal cosa sucediese, la supervivencia de la lengua vasca como lengua viva estaría definitivamente perdida. Sólo una política lingüística eficiente, con resultados palpables, puede mantener vivo y operativo el actual apoyo popular.

Política "de difusión" o política "territorial"

Todo lo dicho hasta aquí se sitúa en el marco de una política lingüística "de difusión", es decir, que trata de apoyar y difundir la lengua minorizada sin reservarle a ella un territorio propio en el cual se constituya en lengua prácticamente necesaria. La política "de difusión" no hace que la lengua minorizada sea más fuerte que la dominante ni siquiera en alguna pequeña parcela territorial.

"Las lenguas pueden sobrevivir y florecer –escribe sin embargo el lingüista J.A. Laponce– únicamente si disponen de territorios propios que les pertenezcan en exclusividad, territorios en que la comunicación tenga lugar en una única lengua que reúna a los distintos individuos de una sociedad dada y satisfaga las distintas necesidades de cualquier individuo en ella".

La tesis de Laponce, que muchos otros insignes lingüistas comparten, de ser cierta, condena irremediablemente a muerte a la lengua vasca, que carece de territorio exclusivo. Para evitarlo sería necesaria, además de una política lingüística "de difusión", otra de "terrritorialidad", que asegurase al vasco un territorio propio, aunque fuese reducido, en el que constituyese el idioma suficiente para absolutamente todos los ámbitos de la vida.

Si esto se plantease para la totalidad del territorio vasco, sería la política lingüística de Suiza o Bélgica. Si se plantease para una pequeña parte del territorio, podría compararse con las reducidas zonas de la República de Irlanda denominadas *Gaeltacht,* a las que nos referimos en el capítulo 9 y donde es posible vivir en gaélico sin la necesidad de la lengua inglesa.

La política "territorial" protegería los derechos colectivos de los vascoparlantes, mientras que la "de difusión" se limita a proteger, muy imperfectamente, los individuales, ya que cualquier ciudadano de otra parte del Estado francés o español tiene el derecho legal a que se le atienda en su idioma incluso dentro de la que hemos denominado "zona vascoparlante"; eso obliga a que los funcionarios sepan ese idioma, en detrimento habitualmente de su conocimiento del idioma minorizado.

Con independencia de la discusión teórica sobre el carácter imprescindible o no de la territorialidad, un grupo de ayuntamientos vascos del sur del País comenzó a reunirse para establecer en sus municipios un apoyo tal a la lengua vasca que se hiciese en ellos realidad la aspiración de muchos vascoparlantes de poder desenvolverse en su idioma en todos los ámbitos de la vida. Estos ayuntamientos han constituido así el movimiento UEMA, sigla vasca que significa "Movimiento de municipios vascoparlantes". Los ayuntamientos que forman este movimiento son hoy veinte: nueve guipuzcoanos, ocho vizcaínos y tres navarros, faltando por lo tanto representación alavesa y del norte.

El movimiento se constituyó en 1989 y trata de agrupar a los municipios cuya población es vascoparlante en un 80% o más. Estos municipios son alrededor de cien de los quinientos que constituyen el sur vasco y engloban a unos 100.000 de los 600.000 vascoparlantes de ese mismo sur; todos ellos son municipios de pocos habitantes.

Sus objetivos son la designación de alcaldes y concejales vascoparlantes, la suficiente capacitación lingüística de los funcionarios, el funcionamiento del ayuntamiento en lengua vasca, la creación de servicios lingüísticos comunes entre los distintos ayuntamientos del grupo, el rechazo a la documentación que llegue a sus oficinas sin versión vasca, la rotulación en vasco, la promoción en sus territorios de personas vascoparlantes para los puestos de médicos, guardias, empleados bancarios, dependientes, etc., la organización de cursos de lengua vasca para adultos y otros similares.

La experiencia de los *municipios vascoparlantes* contribuye a la normalización de la lengua vasca en una pequeña parte del País, dando de este modo soporte geográfico a un idioma usado allí con perfecto dominio en todos los órdenes de la vida, incluso el administrativo. Contribuye así igualmente a la evolución natural de esta lengua en esas comarcas sin la tremenda presión actual del castellano.

El movimiento UEMA es apoyado por los tres partidos nacionalistas del sur vasco: Eusko Alkartasuna, Herri Batasuna y Partido Nacionalista Vasco.

Capítulo 3

Una respuesta en dos tiempos: PNV y ETA

Desde los tiempos más inmemoriales se ha producido en el País Vasco una vigorosa defensa de la propia personalidad frente a los intentos uniformizadores procedentes de Madrid y París. Esa defensa ha sido unas veces de carácter pacífico, cultural y político y otras de carácter armado.

Como principales momentos de resistencia armada se pueden citar la defensa del reino de Navarra en la transición de los siglos XV y XVI, las guerras carlistas en el XIX, los batallones vascos durante la Guerra Civil de 1936 y la actual lucha de Euskadi Ta Askasuna, ETA. Todas ellas son situaciones extraordinariamente distintas unas de otras, pero que tienen siempre un sustrato de defensa de los usos y costumbres del País y de la propia soberanía.

La defensa política de la soberanía vasca arranca en los tiempos modernos con la figura del vizcaíno Sabino Arana Goiri, quien hizo las primeras afirmaciones nacionalistas, diseñó la bandera vasca y, en 1895, fundó el Partido Nacionalista Vasco.

La bandera vasca, ideada por él, tiene el fondo rojo, que para Arana simboliza al pueblo; las aspas verdes de la cruz de San Andrés, en representación de las leyes tradicionales vascas; y la cruz blanca que simboliza el cristianismo.

Desde 1900 designó al País Vasco con el neologismo *Euzkadi,* compuesto por la raíz *euzko,* o vasco, y el sufijo *di,* que significa conjunto o colectivo. El término *Euzkadi* (actualmente se escribe *Euskadi)* lo aplicó siempre al conjunto de las siete provincias vascas.

Surgimiento del Partido Nacionalista Vasco

Sabino Arana nace en 1865 en el seno de una familia carlista propietaria de unos astilleros, siendo él mismo carlista hasta 1882, año en que su hermano Luis le explica que, para él, el País Vasco es la patria de los vascos.

Los cinco años siguientes los dedica a estudiar en Barcelona la carrera de Derecho y la lengua vasca, que ignoraba. A su vuelta a Bilbao, inicia sus investigaciones históricas y ya en 1892 publica su primer trabajo nacionalista, titulado *Bizkaia por su independencia,* si bien el nacionalismo que defiende en él es todavía relativo sólo a la provincia de Vizcaya.

Tan sólo dos años después, reivindicará ya la federación de los siete territorios vascos. Su principal obra teórica es *El Partido Carlista y los Fueros Vascos Navarros,* de 1897.

En el famoso discurso que pronuncia en 1903 en el caserío de Larrazabal propone la sustitución de la consigna carlista "Dios y Fueros" por la nueva, aunque muy similar, "Dios y la Ley Vieja". Su visión del País es muy idealizada y tiene una fuerte impronta racista y religiosa.

Entre los años 1893 y 1895 edita la revista *Bizkaitarra,* redactada por él y contra la que le interponen varios procesos judiciales. A mediados de 1894 funda una asociación de nacionalistas, que al año siguiente es disuelta por el Gobernador Civil por considerarla "un peligro para la nación española". La fundación del Partido Nacionalista Vasco se sitúa en 1895.

En 1898 Sabino Arana se presenta como candidato a las elecciones provinciales, si bien no consigue su escaño por unos pocos votos. Al año siguiente se elige para el Ayuntamiento de Bilbao a cinco concejales nacionalistas, entre otros más de diferentes partidos.

Sabino Arana es encarcelado en 1902 a causa de un telegrama que le ha enviado al presidente americano felicitándole por la independencia cubana, mientras que los concejales nacionalistas quedan suspendidos de sus cargos por haber mandado otro telegrama a las autoridades argentinas sin autocalificarse de "españoles".

Su muerte se produce en 1903, a los 38 años de edad. La primera década del siglo XX conoce una fuerte expansión del Partido Nacionalista Vasco por las cuatro provincias del sur. Desde sus albores, este partido registra frecuentes tensiones internas entre los militantes más independentistas y los de tendencia más regionalista española, encontrándose estos últimos sobre todo entre los poderosos propietarios de la industria vizcaína.

En 1908 se celebra su primera Asamblea General, en 1911 la segunda y en 1914 la tercera. El prototipo de partido es muy federal, dándose mucha representación a cada territorio histórico y geográfico, con independencia de que cada uno de ellos cuente con un número elevado o reducido de militantes.

Todo este surgimiento político nacionalista es paralelo al ambiente de eclosión cultural vasca que se produce por esos mismos años. En 1918 se crea la Sociedad de Estudios Vascos, que daría después lugar al nacimiento de la Academia de la Lengua Vasca.

En 1923, la recién instaurada dictadura de Primo de Rivera, prohibe las actividades de la rama más independentista del nacionalismo, liderada por Eli Gallastegi, mientras tolera las de la rama moderada. Con la caída de la dictadura en 1930, se reúnen estas dos ramas, se produce el pro-republicano Pacto de San Sebastián, del que estará ausente el Partido Nacionalista, y se crea la segunda formación política nacionalista, Acción Nacionalista Vasca, de izquierda laica, mientras otro grupo nacionalista, en torno a la revista *Yagi Yagi,* defiende los principios independentistas.

Las elecciones municipales de 1931 significan la victoria republicana y el Rey abandona el Estado español. Los carlistas y los nacionalistas, unidos por su común religiosidad y defensa de los fueros, abordan las elecciones en coalición y resultan ampliamente vencedores. José Antonio Agirre, alcalde de la localidad vizcaína de Getxo, convoca las Juntas Generales de esta provincia con intención de proclamar la República Vasca, pero el nuevo Gobierno impide la reunión por la fuerza.

Las dificultades internas de la coalición carlista-nacionalista, alentadas desde Madrid, impiden la puesta en práctica del Estatuto autonómico denominado "de Estella", que hubiese reunido a las cuatro provincias del sur vasco. En su lugar, se sometería a referéndum un proyecto estatutario que abarca sólo las tres provincias occidentales o Vascongadas, que se vota el 5 de noviembre de 1933, dando un 84'0% de votos afirmativos sobre el censo.

En octubre de 1935, el dirigente monárquico español José Calvo Sotelo pronuncia en un mitin en San Sebastián la después famosa frase de que era "preferible una España roja a una España rota". En febrero siguiente, el Frente Popular obtiene la victoria en todo el Estado español en las elecciones legislativas. El levantamiento franquista de julio de 1936 induce, para lograr el apoyo del nacionalismo vasco, la aceptación por el Gobierno republicano en octubre, ya en plena Guerra Civil, del Estatuto autonómico, que seguía aparcado desde el referéndum del año 33, nombrándose a José Antonio Agirre presidente del territorio estatutario.

La Guerra Civil, sobre la que volvemos en otro lugar, termina con la derrota de las fuerzas populares vascas –izquierda y nacionalistas– y la implantación en Madrid del Gobierno franquista hasta 1975, muerte del dictador.

En 1945, el Gobierno vasco, bajo la presidencia de José Antonio Agirre, se reorganiza en Nueva York y, a pesar de las protestas de los republicanos españoles en el exilio, actúa en lo sucesivo con independencia de éstos. La Asamblea del Partido Nacionalista Vasco celebrada en París en 1950 precede en poco tiempo a la expulsión del Gobierno vasco de su sede parisina por parte del Gobierno francés.

El libro *La causa vasca,* escrito por Javier Landaburu, puede considerarse el compendio ideológico del PNV desde su edición en 1956 hasta la muerte de Franco. Su contenido es abiertamente demócrata-cristiano, federalista europeo y defensor del derecho vasco de autodeterminación.

La falta de acción por parte de este partido es, sin embargo, tan total durante el franquismo, particularmente a los ojos de la juventud, que, para compensarla, el PNV organiza en 1956 el Congreso Mundial Vasco, una reunión de intención propagandística. En marzo de 1960 fallece el presidente del Gobierno vasco José Antonio Agirre, siendo sustituido por Jesús María Leizaola, un intelectual conservador sin empuje ninguno.

Aberri Eguna, día de la patria vasca

El día de la patria vasca, Aberri Eguna en lengua vasca, es la fiesta de todos los nacionalistas (es decir, defensores de la soberanía vasca), que viene celebrándose desde 1932 y creando un lazo de unión entre sus distintas tendencias y territorios y entre varias generaciones. Es un buen exponente de la contestación vasca por la vía pacífica y continuada en el tiempo. Igualmente refleja, en sus sucesivas versiones anuales, las dificultades tanto externas como internas del movimiento nacionalista vasco.

El primer Aberri Eguna se celebró en Bilbao, después de proclamada la República, el 27 de marzo de 1932, coincidiendo con el cincuenta aniversario de la afirmación nacionalista de Sàbino Arana. Imitando a los irlandeses, se eligió para esta celebración el domingo de Pascua de Resurrección, costumbre que se ha mantenido a lo largo de los años.

El lugar señalado en aquella ocasión fue Bilbao por haber sido el lugar de nacimiento de Sabino Arana. Varias decenas de millares de personas llegaron a esta capital desde todo el País Vasco para realizar una concentración ante la casa que vio nacer al fundador del PNV.

El segundo Aberri Eguna (1933), convocado también por el PNV, esta vez en San Sebastián, estuvo dedicado a la idea de "las minorías nacionales en Europa", agrupó de nuevo a una gran multitud de personas y asistió a él el secretario general de la Asamblea de los Pueblos de Europa, Edward Ammende.

El tercero, en 1934, se celebró en Vitoria y reunió otra vez a muchísima gente. El cuarto (1935) correspondía hacerlo en Pamplona, se retrasó hasta junio debido a la tensión política existente y, cuando tocaba realizarlo, quedó prohibido, por lo que la "minoría vasca" en el parlamento republicano de Madrid realizó una protesta; finalmente el diputado navarro Manuel Irujo logró la autorización para el último día del mes, reuniéndose nuevamente varias decenas de miles de manifestantes. Este Aberri Eguna será, pues, el preludio de la serie de prohibiciones, dificultades y represión que conocería en años sucesivos el que ya sería definitivamente día simbólico de las reivindicaciones nacionales vascas.

El siguiente, el del año 36, no llegó a celebrarse, aun cuando la Guerra Civil no empezaría hasta unos meses más tarde. Desde entonces, ya tras la derrota vasca, la celebración quedaría absolutamente prohibida por el franquismo.

En 1947 el Gobierno vasco en el exilio llamó a celebrar el Aberri Eguna en Bilbao, con lo que el 6 de abril varios miles de manifestantes se congregaron ante la iglesia de San Antón. En San Sebastián, una voz interrumpía la emisión de la Radio Nacional española con las palabras "vascos, celebramos hoy el día de la patria. Escuchad Radio Euskadi. *Gora Euskadi Askatuta* (viva el País Vasco libre)", para retransmitir a continuación unas palabras del presidente José Antonio Agirre.

El de 1960 coincidió con la muerte del presidente vasco, por lo que, además de colocarse banderas vascas en el donostiarra monte Urgull, se realizaron en varias localidades ceremonias religiosas, interrumpidas violentamente por la Policía.

En 1963 se efectuó el primer Aberri Eguna masivo desde el fin de la Guerra Civil. El 15 de abril, en la localidad labortana de Itsasu una importante concentración de patriotas celebró su día en torno a un retoño del árbol de Gernika, inaugurándose un monolito que, tras diversos avatares, aún sigue en pie. Un teniente coronel del Ejército español, presente como espía en la reunión, fue reconocido, sometiéndosele a un interrogatorio y a unos cuantos golpes. En el sur no hubo convocatoria, pero la nueva organización Euskadi Ta Askatasuna (País Vasco y Libertad), ETA, repartió su boletín en varios pueblos y pintó sus siglas en las calles de Bilbao y en Getxo.

Desde el año 64 hasta el 68 hubo grandes concentraciones populares, muy reprimidas por la Policía, respectivamente en las localidades de Gernika, Bergara, Vitoria, Pamplona y San Sebastián. Salvo la del año 66, todas las demás habían sido convocadas tanto por el PNV como por ETA.

Al año siguiente, el llamamiento era de permanecer en casa sin salir a la calle, aunque hubo algunas manifestaciones; lo más llamativo ese año fue la muerte de dos militantes navarros de las juventudes del PNV, al manipular una bomba.

Los años posteriores se hicieron romerías en distintos montes, salvo en la parte norte del País, donde solía haber convocatorias unitarias en una u otra localidad. En 1974, el presidente del Gobierno vasco en el exilio, Jesús María Leizaola, se presentaba ese simbólico día clandestinamente en Gernika.

En los años iniciales de la transición política las manifestaciones fueron fuertemente reprimidas: el 75 en Gernika, el 76 en Pamplona y el 77 en Vitoria.

En 1978, la convocatoria del Aberri Eguna fue más explícitamente unitaria que la del año anterior. Todos los partidos, vascos y españoles, a excepción de los dos de la derecha española (UCD y AP), convocaron a las multitudinarias concentraciones de las cuatro capitales del sur vasco, en lo que sería la mayor manifestación de Aberri Eguna registrada hasta la fecha. La pancarta que encabezaba la de San Sebastián, portada por varios representantes políticos, y entre ellos el dirigente socialista José María Benegas, pedía la autodeterminación del País Vasco. La prensa madrileña del día siguiente se mostraba profundamente preocupada por la amplitud y contenido de aquella convocatoria.

El año 1979 las concentraciones reunieron también a muchísima gente, pero distribuida entre distintas capitales y municipios, en torno al tema dominante de apoyo a los presos y exiliados.

Al año siguiente, la ciudad de Pamplona, punto de cita, registró constantes cargas policiales, con numerosos heridos, entre ellos dos parlamentarios de la coalición independentista Herri Batasuna. La mucha gente que no pudo entrar en la ciudad se manifestó espontáneamente en Vitoria y San Sebastián. Este día sólo tuvo fuerza la convocatoria de la izquierda nacionalista. En el norte del País, hubo gran asistencia a la manifestación de Saint Palais.

En 1981, la convocatoria de Herri Batasuna en Gernika fue impedida por la Policía, que rodeó la villa. Pese a todo, hubo manifestaciones en Mungia, Durango y Algorta, mientras el PNV se concentraba en la Feria de Muestras de Bilbao, Estibalitz y Leitza, y Euskadiko Ezkerra congregaba a unas pocas personas en otro acto, también autorizado, en una localidad guipuzcoana.

Al año siguiente se reprodujo el escenario de modo similar, con tolerancia policial al nacionalismo moderado y represión al radical. A partir de 1983, ya prácticamente las manifestaciones en la calle, toleradas, las ha convocado únicamente Herri Batasuna y siempre en Pamplona, hasta 1991.

El Aberri Eguna de 1992 lo convocó esta formación política en las dos localidades fronterizas de Fuenterrabia y Hendaya y el de 1993 en la margen izquierda de la ría bilbaína, en protesta por el desmantelamiento industrial, para volver de nuevo a Pamplona al año siguiente.

La fiesta nacional de los vascos sigue en la actualidad celebrándose de manera multitudinaria y entusiasta, si bien dos de las tres formaciones nacionalistas actuales, el PNV y EA, prefieren hacerlo en lugares cerrados, mientras la más radical, HB, lo hace con manifestaciones independentistas en la calle.

Surgimiento de ETA

El partido político nacionalista que Sabino Arana creó a fines del siglo XIX se ha ido viendo marcado por los tiempos en que le ha tocado desarrollarse y puede considerarse una formación demócrata-cristiana, conservadora, defensora de la economía capitalista, más apoyada por la población de edad madura que por los jóvenes y con una creciente tendencia al regionalismo español.

Condicionada por estas características, su llamativa inactividad durante el franquismo hace aparecer en 1952 otro grupo nacionalista, de nombre Ekin (Actuar), de la mano de unos cuantos jóvenes vizcaínos y guipuzcoanos deseosos de impulsar con más energía la causa vasca.

A pesar de que el nuevo grupo trata de buscar la colaboración con el PNV, la actitud firmemente contraria de algunos de sus dirigentes, impide el intento de colaboración. El PNV no estaba dispuesto a renunciar a su dominio exclusivo del mundo nacionalista, renuncia que el tiempo haría inevitable, y, en diciembre de 1958, el grupo Ekin adopta el nombre de Euskadi Ta Askatasuna (País Vasco y Libertad), conocido por sus siglas ETA.

Los primeros atentados de ETA consisten en la colocación de explosivos, en el año 1959, en las ciudades de Bilbao, Vitoria y Santander.

Su primera acción sonada es el semifallido intento de descarrilamiento de un tren cargado con militantes franquistas que se dirigen a la ciudad de San Sebastián el 18 de julio de 1961 para celebrar el veinticinco aniversario del inicio de la Guerra Civil. El mismo día se queman en San Sebastián dos banderas españolas.

El parcial descarrilamiento no produce víctimas entre los viajeros, pero la Policía aprovecha para detener y torturar a numerosos sospechosos, provocando además la huida de otros muchos al norte del País, donde empiezan con ese motivo a concentrarse los primeros jóvenes exiliados de la posguerra.

La primera asamblea de ETA en 1962 se reúne por este motivo en la parte norte del País Vasco. En ella se sientan las bases ideológicas de la nueva formación, que, como es lógico, están a su vez marcadas por los nuevos tiempos, por las características de la década en que se desarrolla.

ETA denuncia el racismo, que sustituye por una defensa activa y prioritaria de la lengua vasca y a la ideología demócrata-cristiana del PNV le opone un laicismo radical y la tendencia a defender la causa de las clases trabajadoras. Con ETA, el nacionalismo se hace progresista. En cuanto a su rama militar, tiene todavía en aquellos años un carácter embrionario.

En el mismo año 62 se declara la huelga general en las provincias de Vizcaya y Guipúzcoa, además de en Asturias, lo que conduce al primer Estado de excepción del franquismo, extendido después al conjunto peninsular. En el norte del País Vasco, se producen las primeras expulsiones de miembros de ETA. Se trata en general de confinamientos dentro de territorio francés.

Ese mismo año, un académico vizcaíno de la lengua vasca, Federico Krutwig, exiliado del Estado franquista, escribe su obra *Vasconia,* independentista, defensora de la actividad guerrillera y que marca profundamente a la primera generación de militantes de ETA.

Al año siguiente, se crea en el País Vasco norte el grupo Enbata ("fuerte viento marino que precede a la galerna"), pionero de la lucha nacionalista vasca en esa parte del País durante esos años, en torno a una revista del mismo nombre que perdura en nuestros días. La labor de ese grupo y de esa revista ha sido clave tanto para el desarrollo de la conciencia vasca en el norte como para el apoyo público allí a los militantes represaliados procedentes del sur.

Las siguientes asambleas de ETA se efectúan en años consecutivos: la segunda en 1963, la tercera en 1964, la cuarta en 1965 y la quinta entre 1966 y 1967. Debido a la ferocidad de la persecución franquista, sólo las dos últimas consiguen desarrollarse en la parte sur del País.

La segunda asamblea apenas tiene entidad. La tercera aprueba la aplicación al caso vasco de los principios y métodos de la guerra revolucionaria. La cuarta se inclina por el marxismo como pauta ideológica, afirmando que el problema nacional y el social constituyen dos aspectos de una misma realidad.

La quinta asamblea de ETA, realizada en dos partes, elabora la teoría de la organización que estaría vigente hasta la muerte de Franco. Funde la liberación nacional con la social, acuña el término "pueblo trabajador vasco" para designar al sujeto revolucionario y crea cuatro frentes organizativos (cultural, político, obrero y militar). La primera parte de la reunión se destina a la expulsión de la tendencia partidaria de convertir ETA en un partido obrero de ámbito español.

Durante la década de los sesenta, la influencia de ETA y su entorno, lo mismo que la del PNV, fue muy considerable en el impetuoso renacimiento de la cultura vasca y en el impulso a la lengua nacional y a las ikastolas; estas escuelas, privadas y semiclandestinas, que imparten la enseñanza en este idioma y que ya se han mencionado en el capítulo anterior, alcanzan un espectacular desarrollo en la citada década.

En junio de 1968 el principal dirigente de la quinta asamblea, el bilbaíno Txabi Etxebarrieta, da muerte en un control a un policía, que resultará ser la primera víctima mortal de ETA. A las pocas horas, el propio Etxebarrieta es tiroteado por la Policía, con lo que a su vez se convertiría él en la primera víctima mortal de la nueva organización. Las protestas en todo el País por la muerte del militante son muy vivas.

Al siguiente mes de agosto se produce la segunda acción mortal de ETA, en la persona del policía torturador Melitón Manzanas, que cae abatido en la entrada de su vivienda en Irun. Definitivamente, ETA ha tomado las armas. El régimen franquista declara el Estado de excepción para la provincia de Guipúzcoa.

Ese mismo año 68, un grupo de sesenta sacerdotes ocupan el seminario de Derio (Vizcaya) en defensa de las libertades vascas y de una Iglesia más democrática. En 1969 la Policía detiene a prácticamente toda la dirección de ETA. En el Aberri Eguna mueren dos militantes de las juventudes del Partido Nacionalista Vasco manipulando un explosivo.

Al año siguiente se crea en San Juan de Luz la asociación llamada Anai Artea (Entre Hermanos), de ayuda a los refugiados políticos vascos, que llegan en cantidades cada vez mayores al norte del País.

En septiembre del 70 tiene lugar una sexta asamblea de ETA, que elige como camino la formación de un partido obrero de ámbito español, pero que será desautorizada por una serie de personalidades de la vieja guardia de ETA.

Tras una ininterrumpida serie de acciones populares y de detenciones, en diciembre de 1970 se celebra en Burgos un juicio militar contra 16 militantes de ETA, a seis de los cuales se les pide la pena capital, acusados de la muerte del policía Manzanas. Este juicio provoca las mayores movilizaciones populares registradas hasta entonces en el País Vasco, con fuertes repercusiones incluso fuera de sus límites. El apoyo es total por parte de todo tipo de organizaciones antifranquistas, tanto vascas como españolas. Las protestas incluyen una huelga general, masivamente secundada en el País Vasco, así como el secuestro del cónsul alemán en San Sebastián por parte de ETA.

A poco de empezar el juicio, se declara un nuevo Estado de excepción en la provincia de Guipúzcoa. La sentencia, pronunciada a finales del mes de diciembre, condena a muerte a los seis encausados principales, a tres de los cuales impone además una doble sentencia de muerte. La movilización popular arrecia hasta tal punto que, el último día de aquel año, el dictador Franco se ve obligado a conceder públicamente el indulto a los acusados.

El conocido como "proceso de Burgos" habría de tener una importancia grande como campana de resonancia de la causa vasca en general y como acción propagandística para la propia ETA.

El año 1973 será importante para ETA no tanto porque a mediados de año se reuniese la primera parte de su sexta asamblea oficial como porque su atentado del 20 de diciembre en Madrid acaba con la vida del almirante Luis Carrero Blanco, número dos del régimen español y presidente del Gobierno. Por las características y repercusión del hecho, se convierte en el atentado más espectacular de la vida de ETA.

A fines del año siguiente se produce la escisión entre las tendencias llamadas "político-militar" y "militar". La primera es partidaria de que ETA se divida en dos organizaciones separadas: una dirigente de carácter político y otra dirigida de carácter militar. ETA "militar", por su parte, opta por una única organización de carácter militar. Entre estas dos posiciones, que se demuestran incompatibles, la escisión resulta consumada. Ese año 74 se produce en el sur vasco una rotunda huelga general contra el franquismo y, al año siguiente, tres huelgas generales más, de carácter antirrepresivo.

La rama "político-militar" celebra sus asambleas en las fechas siguientes: a principios de 1975, la segunda parte de la inconclusa sexta; en septiembre del 76, la séptima; y en febrero del 82, la octava y última. En la séptima asamblea, decide crear un partido político legal, que habría de denominarse Partido para la Revolución Vasca, conocido por sus siglas en lengua vasca, EIA.

Como la rama "político-militar" de ETA se autodisolvería años más tarde, la actual ETA es heredera de la entonces denominada rama "militar".

Las muertes de tres de sus dirigentes jalonan la vida de ETA dividiéndola en cuatro decenios de características diferenciadas: la del vizcaíno Txabi Etxebarrieta, muerto por la Policía en 1968, la del también vizcaíno José Miguel Beñaran, *Argala,* muerto en atentado parapolicial en 1978, y la del guipuzcoano Txomin Iturbe, fallecido en un accidente en Argelia en 1987.

La acción armada de ETA ha ejercido una importante influencia en la marcha de la política vasca. Cierto es que muchos han sido los muertos, heridos y daños que ha ocasionado y también los que ella misma ha sufrido. Sus acciones se han dirigido principalmente contra las fuerzas policiales y armadas españolas y sus colaboradores, contra la construcción de la central nuclear de Lemoiz y otras causas ecológicas, contra el tráfico de drogas, etc.

ETA nunca ha sido partidaria del terrorismo, es decir, de los atentados indiscriminados, sino siempre de atentados selectivos.

En la entrevista emitida el 12.4.94 por la cadena alemana de televisión West-3, ETA declaraba al respecto:

"Nuestra lucha es y ha sido siempre selectiva. Si nosotros utilizamos el coche-bomba, lo hacemos para golpear a nuestros enemigos, a los que oprimen a nuestro pueblo y a nadie más. Sin embargo, sabemos bien que en estos últimos años ha habido errores; no han sido en absoluto víctimas buscadas conscientemente. Nuestra dinámica no busca eso y no lo buscará.

Ha habido equivocaciones y errores y hemos hecho una reflexión profunda para que eso no pase. Nosotros debemos poner medios para que no haya víctimas civiles, porque nuestros objetivos son y serán únicamente los que oprimen a nuestro pueblo y nadie más".

Los errores cometidos en su historia han sido sin duda una fuente de desprestigio para ETA. Inversamente, el hecho de que haya asumido y explicado todos sus errores, a veces graves, le ha hecho ganar una gran credibilidad en la opinión pública vasca, que sabe así siempre cuándo una acción es obra suya o no.

Sin embargo, la influencia de ETA en la sociedad vasca no cabe medirla sólo a través del impacto de sus acciones armadas y de las consecuencias directas e indirectas de éstas. El entorno social de ETA desde la década de los años sesenta ha ejercido además una notable impronta en diversos ámbitos de la vida del País, como las organizaciones políticas, la inspiración cultural, las fiestas, relaciones internacionales, vida de la lengua vasca y muchos otros aspectos que no es posible pormenorizar aquí.

Tres referendums para una transición

En septiembre del 75 se producen los últimos fusilamientos del franquismo, que incluyen a dos militantes vascos, con fuertes protestas en el País Vasco. Siete de los nueve países del Mercado Común llaman a sus embajadores en Madrid. El régimen contesta declarando de nuevo el Estado de excepción en Guipúzcoa y Vizcaya (el último del régimen) y con una gran manifestación franquista en la madrileña Plaza de Oriente, encabezada por Franco y su sucesor el príncipe Juan Carlos. Pero el dictador habría de fallecer ya al mes siguiente.

El Consejo de Regencia proclamaría jefe del Estado al rey Juan Carlos, designado por Franco, quien había descartado a don Juan de Borbón, padre del nuevo rey y heredero dinástico. La fórmula de la proclamación oficial concluiría con la frase: "Desde la emoción del recuerdo a Franco ¡viva el Rey!".

Precisamente la mencionada última movilización contra el franquismo da origen al nacimiento de la denominada Coordinadora Patriota Socialista (cuyas siglas en vasco son KAS), reunida desde la primavera de 1975 para defender la vida de los militantes cuya vida estaba en peligro. Agrupa a las dos ramas de ETA junto a varios partidos políticos del nacionalismo radical, siendo la pretensión inicial únicamente el coordinar la lucha contra aquellos fusilamientos de septiembre del 75.

La Coordinadora, vista la capacidad movilizadora de la acción conjunta, decide constituirse en organismo permanente. A mediados de 1976 establece su programa de ocho puntos, que en enero de 1978 resumirá en cinco. Este programa –denominado Alternativa KAS y que reproducimos en el último apartado del capítulo– está definido como los puntos mínimos con los que ETA dejaría la lucha armada y con los que, por otra parte, la izquierda nacionalista participaría en las instituciones.

La Coordinadora KAS, vigente hasta nuestros días como vínculo entre la lucha armada y la desarmada, sufriría una remodelación en 1983 con la ponencia denominada *KAS, bloque dirigente.*

En el año 1976, en el que se redacta la primitiva Alternativa KAS, arrecia la lucha popular en todo el sur vasco, realizándose nada menos que tres huelgas generales antirrepresivas en 1976 y otras dos en 1977.

Con el fin de ir preparando la inevitable transición del franquismo a un régimen más tolerante, el 15 de diciembre de 1976 se efectúa el *referéndum* llamado *de la Reforma Política.* Todos los partidos de lo que entonces se llamaba "la oposición", incluyendo el PSOE, PCE y Democracia Cristiana, además de todos los partidos vascos, preconizan la abstención en la votación.

La abstención obtenida en el Estado español por toda la oposición no llega sino al 22'6% del censo electoral, debido sin duda al miedo que se difunde desde el Gobierno y a la falta de libertades para defender otras opciones. En las cuatro provincias del sur vasco, la abstención es bastante más alta, aunque no mayoritaria: el 42'8% para el conjunto cuatriprovincial.

A principios de 1977, es autorizada la exhibición de la bandera vasca, prohibida hasta entonces.

Un fenómeno que se debe reseñar en ese período, por su impacto posterior en la modelación de la opinión pública vasca, es la creación de dos nuevos periódicos que se añadirán a los preexistentes de la época franquista: el vizcaíno *Deia* (Llamada), propiedad del PNV, que nace en junio de 1977, y el guipuzcoano *Egin* (Hacer), creado por la izquierda nacionalista en septiembre del mismo año. Ambos diarios continúan en plena edición en nuestros días, pese a algunas amenazas gubernamentales de cerrar el segundo de ellos.

En el mes de junio de 1977 se realizan las primeras elecciones a las Cortes de Madrid con libertad de partidos políticos, aunque restringida. El PSOE y el PNV obtienen en el sur vasco la mayoría de los votos, apareciendo también una tímida representación del nacionalismo de izquierda, que en su mayoría opta por la abstención al no haberse dejado en libertad a los presos políticos.

A los cuatro días de aquellas elecciones, 28 de los 42 diputados y senadores recién elegidos en el sur vasco se reúnen bajo el simbólico árbol de Gernika para defender la autonomía conjunta de sus cuatro provincias, la legalización de todos los partidos políticos sin excepciones y la amnistía, también sin excepciones.

En la reunión participan los parlamentarios del PNV y del PSOE de las cuatro provincias vascas, el del pequeño partido ESEI y los de la derecha española (UCD) elegidos en Vizcaya. Los parlamentarios allí presentes salidos por Navarra son tres: los dos diputados del PSOE y un senador del PNV.

El tono de la reunión lo marcaría la intervención del representante de UCD de Vizcaya: "Nosotros estamos firmemente decididos a que exista próximamente en el País Vasco poder político, poder ejercido desde cualquier parte del País, a poder ser desde Pamplona".

La Asamblea de Parlamentarios Vascos trata así de dejar claro que, antes de su asistencia a las Cortes madrileñas, ellos se constituyen en representantes de la voluntad del pueblo vasco. Aunque se producen otros varios encuentros de la Asamblea, este intento de dar una voz autónoma y unitaria a los cuatro territorios vascos queda desbaratado desde Madrid, como ha sucedido cada vez que se ha intentado abrir una vía racional a las reivindicaciones vascas. Sin embargo, marca una señal y constituye un claro exponente de lo unitarios que eran en aquellos momentos los sentimientos dominantes.

La experiencia de la Asamblea de Parlamentarios Vascos demuestra la viabilidad de un camino unitario para las cuatro provincias del sur vasco, en vez de la separación que se institucionalizaría.

Al poco tiempo de aquellas primeras elecciones de 1977, la llamada "Marcha de la libertad" recorre todo el País Vasco en demanda de las libertades democráticas, de la autonomía y de la amnistía para presos y exiliados.

El siguiente momento importante durante la transición política viene señalado por el *referéndum* para la aprobación *de la nueva Constitución Española,* que se efectúa el 6 de diciembre de 1978 y que da por bueno el régimen monárquico sin una consulta explícita a este respecto. En el conjunto del Estado la respuesta afirmativa alcanza el 59% sobre el censo electoral, pero en cambio en el sur vasco el intento asimilador cosecha el más rotundo fracaso, ya que la población se niega a aprobar un texto legal que no reconoce la entidad vasca.

En efecto, el "sí" al referéndum sólo llega aquí al 34'9% del censo. Hay que tener en cuenta que apoyaban la abstención la totalidad de los partidos vascos y que eran favorables al "sí" los partidos españoles, incluidos los de izquierda. El "sí" recibirá el apoyo de un 42'3% del censo electoral en Álava, un 27'7% en Guipúzcoa, un 50'4% en Navarra y un 31'1% en Vizcaya; lo cual arroja ese escuálido 34'9% de "síes" sobre el censo conjunto del sur vasco.

La Constitución, como había sido previsto desde Madrid, quedará sin el refrendo vasco, gracias a la oposición de los partidos de este ámbito. Este rechazo vasco a la Constitución Española es un dato clave para entender la posterior inestabilidad y conflictos.

Conviene anotar de paso que la primera manifestación del PNV en contra de ETA se produce por estas fechas, concretamente el 28 de octubre de 1978, a un mes del referéndum constitucional. Esta manifestación, importante para el desarrollo posterior de la causa vasca y de la vida política del País, porta en su primera fila una serie de palomas blancas que se sueltan en la ocasión, por lo que esta manifestación pasaría a ser conocida como "la de las palomas".

El *tercer referéndum* que jalona la llamada transición política es el desarrollado un año después, el 25 de octubre de 1979, para solicitar la aprobación del Estatuto de Autonomía en las tres provincias occidentales del País Vasco, las denominadas Vascongadas, con exclusión de Navarra. El Estatuto sometido a votación no es el elaborado en Vitoria y Gernika por los partidos autonomistas sino una profunda modificación de éste realizada después en Madrid.

Ya la eliminación de Navarra de la consulta presupone desde el Gobierno adelantar una respuesta a la pregunta que se estaba haciendo, uno de cuyos componentes era precisamente el propio ámbito autonómico.

La unidad de Navarra y las otras tres provincias vascas del sur ha sido siempre y sigue siendo un tema de gran importancia en el

La Constitución española de 1978 apenas obtuvo el 35% de votos en el sur vasco. El rechazo a la Constitución ha solido celebrarse en concentraciones populares.

contencioso vasco. Lo llamativo es que, aunque hoy hay claramente división de opiniones dentro de la sociedad navarra, lo que sin duda complica la solución, el tema pudo perfectamente haber sido solucionado en aquella época de la "transición", ya que entonces prácticamente todos los partidos –nacionalistas, navarros y españoles– estaban conformes en la unidad de las cuatro provincias en un solo Estatuto y en la capitalidad de Pamplona para todo el territorio, posición que hoy ya sólo mantienen los partidos nacionalistas.

La importancia del asunto dentro de las reivindicaciones vascas la pondría de manifiesto esta frase de Xabier Arzalluz, presidente del PNV, en marzo de 1986: "ETA dejaría de disparar inmediatamente si Navarra se integrara en Euskadi". También ha sido este mismo político quien en varias ocasiones ha puesto el dedo en la llaga de esta cuestión afirmando que la unidad del sur vasco la impidió la presión directa del Ejército español ante el Gobierno de Madrid, con el fin de evitar un País Vasco económica y territorialmente fuerte y equilibrado, por el riesgo secesionista que veían en ello. No fue, pues, la voluntad de las partes afectadas, ni siquiera la de Navarra, la que decidió en aquellos años de la transición la separación territorial del sur vasco sino un factor de fuerza y ajeno además al País.

Considerando como "transición" a estos efectos los años que van dese 1977 a 1980, podemos decir que en aquella época no sólo los partidos nacionalistas vascos sino también los partidos españoles de izquierda estaban por la unión de las cuatro provincias; y lo estaba también, aunque más dudosamente, la derecha navarra.

Las secciones vascas del PCE y del PSOE comprendían entonces a las cuatro provincias, aunque más adelante, cuando la presión armada forzó la separación institucional de éstas, ambos partidos rompieron dichas secciones suyas separando también por un lado una sección de las tres provincias occidentales y por otro una sección navarra.

Prueba de la posición integradora del PCE en aquellos años es la siguiente frase de su sección vasca el 5.8.77: "Somos partidarios de que Navarra pertenezca a Euskadi por razones culturales, económicas y, sobre todo, políticas".

Los siguientes testimonios muestran por su parte que los dirigentes locales del PSOE estaban igualmente por la integración del sur vasco.

Uno de ellos, José María Benegas, diría, en efecto, el 19.8.77: "El *quid* de la cuestión radica en encontrar una fórmula que sea aceptada por ambos, de tal manera que Navarra no quede al margen pero tampoco integrada totalmente en Euskadi, como medida transitoria para un futuro estatuto de las cuatro regiones vascas. Navarra es Euskadi y, por tanto, debe configurarse dentro del proyecto autonómico de Euskadi".

Y dos meses después, el 22.10.77: "La actitud del Gobierno de UCD ante la posible inclusión de Navarra en el conjunto vasco es ahora más abierta. Tras la renovación del Congreso Foral navarro a principios de año, Navarra puede integrarse con las otras tres provincias vascas".

El dirigente socialista navarro Gabriel Urralburu se quejaba por aquellas fechas (8.1.78) del divisionismo vasco del partido de la derecha española UCD: "UCD quiere impedir cualquier tipo de vinculación de Navarra con el País Vasco". Y su compañero V. M. Arbeloa manifestaba el 24.5.80: "Hay un tema que nos preocupa y a la vez nos entusiasma, y es el de la vinculación entre Navarra y el resto del País Vasco".

Pero estos dos partidos de la izquierda española, PCE y PSOE, evolucionaron después hacia el divisionismo, hacia la separación de Navarra de las otras provincias vascas.

En los años de la transición tampoco la derecha navarra veía con malos ojos la integración vasca. Su representante Jaime Ignacio del Burgo diría el 5.11.77: "Como navarro, soy amante de todo lo vasco. Estamos dispuestos a admitir la inclusión de Navarra en el Estatuto preautonómico vasco".

El partido de la derecha navarra, denominado UPN en nuestros días, tiene un fuerte núcleo contrario a la integración vasca, pero hay también dirigentes que no se le oponen, como su presidente Juan Cruz Alli, que declararía en septiembre de 1991: "La Comunidad Autónoma Vasca y la navarra no se pueden ignorar mutuamente, como ha sido la política seguida hasta ahora" (18.9.91). Y también: "Yo me considero navarro y, como tal, no puedo renunciar a mis raíces vascas ni a mis apellidos vascos" (22.9.91).

Pero dejemos ya esta larga digresión sobre la unidad territorial del sur vasco que rompió el Estatuto de autonomía vigente.

Retengamos que el propio referéndum del 79, por el simple hecho de realizarse sólo en tres de las cuatro provincias, estaba ya prejuzgando precisamente una de las cuestiones clave de la consulta. Y volvamos a las condiciones en las que se planteaba aquella consulta en otros terrenos distintos.

De cara a la preparación del referéndum, las autoridades repartieron masivamente un folleto *12 minutos con el Estatuto* que, aparentando resumir el texto estatutario, dibujaba en realidad un Estatuto mucho más favorable que el real. Reflejo de este embellecimiento del texto, de esta auténtica distorsión, eran también entonces los discursos de defensa estatutaria. Sirva de muestra la siguiente frase pronunciada en su discurso del 23.2.79 por Mario Onaindia, uno de los defensores del Estatuto:

"El Estatuto recoge las aspiraciones democráticas y nacionales más sentidas, como el 'que se vayan', reinstaura los Conciertos Económicos, se hace un planteamiento democrático del euskara y, sobre la integración de Navarra, se han desbaratado los planes de UCD".

Ahora que han pasado suficientes años, podemos decir, por el contrario, que la consigna popular "que se vayan", expresión del deseo popular de salida del País de la Policía española, no se ha realizado, porque sigue habiendo Policía Nacional y Guardia Civil; que el euskara es voluntario mientras el español obligatorio; y que Navarra está aún más separada que entonces de las otras provincias vascas. El único punto que se ha cumplido de los enunciados por Mario Onaindia entonces ha sido la reinstauración de los Conciertos Económicos, o autonomía fiscal.

En otros discursos se solía incluso defender que, con la aprobación del Estatuto, los presos políticos serían liberados. Semejante camuflaje del verdadero contenido del texto en litigio tendía a atraer votos.

Pero, además, en la propia consulta se producen varias irregularidades notables: automarginación de la campaña de su principal soporte, el partido derechista español UCD, para restar olor español al Estatuto ofrecido; censos electorales que van decreciendo a lo largo de los días; voto por correo en condiciones absolutamente inimaginables en cualquier país europeo; muertos que votan misteriosamente, gente no censada cuyo voto se acepta también, personas que votan varias veces...

En tales condiciones, el voto afirmativo alcanza en esta ocasión la mayoría, concretamente el 53'1% del censo electoral. Aunque reducido, el resultado es suficiente para la puesta en marcha efectiva de este Estatuto acordado en el palacio de la Moncloa de Madrid el 17 de julio de 1979 entre los presidentes del Gobierno español y del Partido Nacionalista Vasco, un estatuto triprovincial que consagra la división del sur vasco en dos partes: sus provincias occidentales (CAV) por un lado y Navarra por otro, así como la inferioridad legal de la lengua vasca, excluyendo además el derecho vasco a la autodeterminación.

Recordemos que en el referéndum del año 76 todos los partidos democráticos, vascos y españoles, habían defendido la abstención y que en el referéndum constitucional del 78 ya sólo defendían ésta los partidos vascos, pero no los españoles. En cambio, en esta tercera ocasión, sólo el más radical de los partidos vascos, Herri Batasuna, defiende la postura abstencionista, en base a que el nuevo Estatuto no pasa de proponer una descentralización administrativa, sin verdadero reconocimiento de poder político, sin unidad territorial vasca y sin igualdad lingüística.

Ese 53% de respuestas afirmativas sobre el censo electoral debe compararse con el 84% que obtuvo la misma pregunta y en el mismo territorio el 5 de noviembre de 1933, durante la República. Esa diferencia de nada menos que 31 puntos entre ambos porcentajes da la medida de la distinta acogida popular que ha recibido la propuesta estatutaria en esos dos momentos históricos.

Si el proyecto sometido a referéndum en 1979 hubiese incluido los puntos de la llamada Alternativa KAS, dando así un reconocimiento y poder políticos al sur vasco y aproximando el texto a los sentimientos populares, cabe pensar que el porcentaje afirmativo hubiese sido similar al de la época de la República. Pero el Gobierno español impidió tajantemente la inclusión en la propuesta de ninguno de estos puntos con los que simpatizaba la población.

Con todas sus limitaciones y con todas sus determinaciones previas, estos tres referendums de 1976, 1978 y 1979 estructuran la institucionalización del Estado español, incluyendo la del sur vasco, en la etapa posfranquista. Los acontecimientos e indicadores posteriores habrían de permitir reflexionar sobre su falta de adecuación para resolver los problemas pendientes.

La separación institucional entre las provincias vascas occidentales (CAV) y Navarra, establecida con el Estatuto triprovincial de

1979, queda corroborada con la ley llamada de Amejoramiento del Fuero Navarro de 1982, que no fue sometida a referéndum, pero que consolida la separación. Hay que señalar, además, que la Constitución Española establece en su artículo 145 que "en ningún caso se admitirá la federación de Comunidades Autónomas".

Las primeras elecciones para el Parlamento de la CAV son en marzo de 1980, lo que da pie a la formación del primer Gobierno autonómico de esa parte del País. Unos años después se constituiría igualmente un Gobierno autonómico en Navarra.

El cierre de la transición entre el régimen franquista y el actual no puede ser comprendido sin mencionar el golpe de Estado del 23 de febrero de 1981 en las Cortes Españolas, protagonizado desde la sombra por una serie de mandos del Ejército. En efecto, el motivo aducido para aquel golpe habían sido las constantes y recientes protestas del País Vasco sur (interrupción del discurso real en la Sala de Juntas de Gernika por parte de un grupo de parlamentarios de Herri Batasuna, muerte de un importante dirigente de la central nuclear de Lemoiz por parte de ETA, huelga general contra la muerte bajo la tortura policial de un militante vasco, etc.).

Pero además el golpe quedó saldado con un acuerdo entre los que lo daban y los que lo recibían, siendo producto de dicho acuerdo la famosa Ley Orgánica de Armonización del Proceso Autonómico, conocida como LOAPA, que aprobaron las Cortes el 30 de junio de 1982, casualmente (o significativamente) el mismo día en que se aprobaba la Ley de Amejoramiento del Fuero Navarro, encargada de rubricar la separación institucional vasca.

La inexplicada desaparición del partido conservador UCD, que gobernaba el Estado desde el inicio de la transición, desaparición que no tiene punto de comparación con ningún otro fenómeno similar en Europa, sigue al acceso del PSOE al Gobierno en octubre de 1982, con lo que el proceso de transición podía darse por concluido.

Creación de Herri Batasuna

Tras las primeras elecciones posfranquistas de junio del 77, una serie de pequeños partidos de la izquierda nacionalista que se habían opuesto a la participación en ellas comienzan a reunirse con vistas crear un nuevo partido que recogiese sus aspiraciones políticas.

La primera coordinación estable entre estos grupos se produce en octubre de 1977 pero será un año más tarde, también en el mes de octubre, cuando la nueva formación quedará consolidada, por medio del llamamiento de 12 personalidades políticas conocidas, bajo el nombre de Herri Batasuna, que significa "Unidad Popular".

Herri Batasuna es más una coalición, movimiento o formación política que un partido político propiamente dicho, aglutinando a personas de ideologías diferentes que coinciden en un mismo programa. Sin embargo, y tras vencer numerosas trabas interpuestas por el Ministerio socialista del Interior, se legaliza como partido político en junio de 1986.

Su programa político es la misma Alternativa KAS a que se ha aludido en un apartado anterior y que consta de los siguientes cinco puntos: la amnistía para presos y refugiados, la legalización de los partidos independentistas, la retirada de las fuerzas policiales españolas, una economía antioligárquica defensora de los intereses de las clases trabajadoras y un nuevo Estatuto de autonomía (cuatriprovincial, con derecho de autodeterminación y control sobre las fuerzas armadas, que reconozca la soberanía vasca e impulse su idioma).

He aquí la denominada Alternativa KAS, que reproducimos textualmente dada la importancia de este programa, como referencia, en el movimiento contestatario vasco desde 1976 hasta nuestros días. La damos en su versión de enero de 1978, que es la que se ha mantenido prácticamente sin modificaciones hasta hoy:

1.- Amnistía, entendida tácticamente como liberación de todos los presos políticos vascos.

2.- Libertades democráticas: legalización de todos los partidos políticos independentistas sin necesidad de rebajar sus estatutos.

3.- Expulsión del País Vasco de la Guardia Civil, Policía Armada y Cuerpo General de Policía.

4.- Mejora de las condiciones de vida y trabajo para las clases populares y especialmente para la clase obrera.

5.- Estatuto de autonomía que, cuando menos, llene los siguientes requisitos:

• Entrada en vigor en las cuatro regiones históricas del sur vasco a la vez

• Reconocimiento de la soberanía nacional del País Vasco. Derecho a la autodeterminación, incluido el derecho a la creación de un Estado propio e independiente

• Reconocimiento de los lazos nacionales existentes entre el norte y el sur del País Vasco

• La lengua vasca, lengua oficial y prioritaria

• Las fuerzas de defensa ciudadana que sustituyan a las actuales represivas serán creadas por el Gobierno vasco y dependientes únicamente de él

• Las fuerzas armadas acuarteladas en el sur vasco estarán bajo control del Gobierno vasco

• El pueblo vasco dispondrá de poderes suficientes como para dotarse en cada momento de las estructuras económicas que considere social y políticamente más convenientes para su progreso y bienestar.

Este programa político lo suscriben tanto ETA como Herri Batasuna y su puesta en práctica comportaría el cese de la lucha armada por parte de la primera y la participación normalizada en las instituciones por parte de la segunda. Respecto a esta participación, hay que decir que los representantes electos de Herri Batasuna ejercen su trabajo en los ayuntamientos, pero en cambio no toman parte, salvo intervenciones puntuales, en las Cortes españolas, en los dos Parlamentos autonómicos (Vitoria y Pamplona) ni tampoco en las Juntas Generales de las provincias occidentales (CAV). Con esta ausencia quieren significar que no reconocen carácter democrático a las instituciones vigentes.

Además de este programa político para el momento presente, tanto ETA como el resto de la Coordinadora KAS y Herri Batasuna luchan por un País Vasco diferente cuyas características generales serían: la independencia política, la democracia participativa, la unidad territorial vasca y la normalización de su lengua.

Para completar la información sobre el programa de HB, conviene añadir que en diciembre de 1978 esta formación política publica un proyecto de Estatuto de autonomía y en junio de 1990 otro, revisado y actualizado, con el nombre de Estatuto Nacional de Autonomía; es unitario para las cuatro provincias del sur vasco, se contrapone a los dos Estatutos actualmente vigentes en ellas y responde a los planteamientos de la Alternativa KAS.

La aparición de Herri Batasuna se produce en un momento de gran efervescencia tanto en el terreno electoral como en la calle. Sirva de muestra la huelga general que realiza el País (su parte sur, que es de la que tratamos ahora) en julio de 1978 contra la irrupción violenta de la Policía en la plaza de toros de Pamplona durante las fiestas de San Fermín. Al año siguiente, las huelgas generales pasan a ser nada menos que tres, en protesta respectivamente contra la muerte de una militante ecologista por la Guardia Civil, contra la de un manifestante también por la Policía y contra el llamado Estatuto de los Trabajadores.

En cuanto al terreno electoral, la primera confrontación a la que tiene que atender la nueva coalición es el referéndum para la Constitución española, en diciembre del 78, en el que, como se ha indicado ya, todos los partidos vascos se posicionan en contra, lo cual da como resultado la desaprobación de esta Constitución por parte del sur vasco.

En el mes de marzo de 1979 tienen lugar las primeras elecciones en las que toma parte Herri Batasuna: las segundas legislativas, tras las primeras de junio del 77. Pues bien, en esta ocasión los resultados electorales del nuevo contendiente son tan elevados que ello constituye la gran sorpresa de la jornada electoral. Sobre un censo de 1.900.000 electores entre las cuatro provincias, el PNV gana las elecciones con 290.000 votos, seguido por el PSOE con 245.000 y Herri Batasuna queda en tercera posición con 172.000.

Hasta tal punto es notable y activa esta sorpresa que en las primeras elecciones municipales, celebradas tan sólo al mes siguiente, se producen dos llamativos cambios en los resultados. El primero es la subida de votos de Herri Batasuna a 222.000, sobrepasando esta vez al PSOE y convirtiéndose así en la segunda fuerza electoral del sur vasco.

Y el segundo es un alza fortísima de votos del PNV, que pasa a 366.000. ¿Cómo se puede explicar que 76.000 ciudadanos que en marzo no han votado al PNV se animen a hacerlo al mes siguiente? Además de que la confrontación municipal le favorece comparativamente a este partido, la razón de tan sorprendente fenómeno sólo puede encontrarse en la fulgurante aparición de HB en las legislativas de marzo de 1979 y que indujeron en una parte del electorado conservador un mecanismo de este orden: "la única manera de protegerme contra el crecimiento de un partido de ruptura que es vasquista, será en adelante votar a un partido conservador que sea también vasquista, más que votar a los partidos conservadores españoles".

Con este enunciado un poco simplista se puede resumir uno de los fenómenos electorales más importantes de nuestro País: el inicio de la recuperación electoral del PNV en abril de 1979, que proseguiría en los años sucesivos. Este partido, que había obtenido unos resultados mediocres en las legislativas del 77 y peores aún en las del 79, pasa al mes siguiente a registrar una persistente recuperación. Todo hace pensar que el inicio de dicha recuperación está inducido por la irrupción electoral de Herri Batasuna.

Volviendo a Herri Batasuna, hay que señalar que desde esas primeras confrontaciones de 1979 ha tenido un desarrollo electoral bastante estable hasta nuestros días, lo que le ha permitido obtener escaños para las Cortes madrileñas, para los Parlamentos autonómicos y para las demás instancias legislativas, contando siempre con numerosos alcaldes y concejales en los ayuntamientos. Ya se ha señalado más arriba que, con los escaños logrados, HB participa únicamente en la instancia municipal, pero no en las de rango superior, con el fin de no legitimarlas.

Tras las elecciones legislativas y municipales del año 79, en octubre de ese mismo año, Herri Batasuna tiene que afrontar, ya en solitario, el rechazo al Estatuto autonómico para las tres provincias occidentales del País (CAV), del que también hemos hablado ya, con el resultado de una exigua aceptación de dicho Estatuto por un 53'1% del censo electoral.

La ulterior participación electoral de esta formación política se producirá en todas las confrontaciones habituales y en el referéndum sobre la OTAN, a que nos referimos más adelante. También es muy intensa su intervención en otras áreas como las movilizaciones populares, el apoyo a la lengua vasca, la defensa ecológica, la denuncia de la corrupción, etc.

Capítulo 4

Última década, problema abierto

En este rápido recorrido de la contestación vasca frente a la negación oficial de este País, hemos repasado ya la reforma del franquismo y hemos llegado hasta las elecciones legislativas de 1982 que llevan al PSOE al Gobierno de Madrid. Uno de los fenómenos más importantes sucedidos en el País Vasco durante la dirección del gobierno madrileño por los socialistas es sin duda la escisión del mayor partido vasco, el PNV.

La escisión del PNV

Antecedentes de esta escisión se encuentran a todo lo largo de la historia de dicho partido, entre una rama más nacionalista y otra más regionalista. El antecedente más próximo en el tiempo es en este caso la expulsión de la sección del PNV de la localidad vizcaína de Bermeo por parte de la dirección, lo que ocurre en 1980. A los expulsados en aquella ocasión se les llama "los sabinianos", en alusión a su fidelidad doctrinal al fundador del nacionalismo vasco, Sabino Arana. Pero la escisión más importante del PNV se produce unos años más tarde, en 1986.

En mayo de 1984, el grueso de la militancia y dirección del PNV en Navarra es expulsado por no acatar la orden de apoyar allí al partido de la derecha española, orden debida a compromisos contraídos con ese partido en un ámbito superior al navarro. Como consecuencia de las divergencias, a fines de ese año, el presidente del Gobierno de Vitoria Carlos Garaikoetxea es destituido de su cargo y se designa a José Antonio Ardanza como sustituto. A principios de enero del 85, mientras se producen fuertes tensiones en el PNV navarro, la asamblea guipuzcoana de este partido retira su apoyo a la ortodoxa ejecutiva provincial, que será sustituida por otra más crítica hacia la dirección.

En ese mismo enero del 85 se forma el nuevo Gobierno de Vitoria entre el PSOE y un debilitado PNV, en base al denominado Pacto de Legislatura.

A mediados de 1986 se descubre un tendido telefónico con el que los dirigentes del PNV, que acaban de expulsar a su junta de Vitoria, están espiando al ex presidente Garaikoetxea y, al poco, en septiembre, se consuma la escisión del PNV y la aparición formal del grupo escindido, Eusko Alkartasuna (Solidaridad Vasca), propulsado por la junta de Vitoria del PNV.

La ejecutiva provincial de Guipúzcoa se une al nuevo grupo, así como lo hace el partido de Navarra, iniciándose graves altercados sobre la propiedad de las sedes sociales en los distintos pueblos. Como numerosos diputados del Parlamento de Vitoria pasan al nuevo partido, se hace forzoso adelantar al mes de noviembre las elecciones a este Parlamento autonómico.

La denominación que los medios de comunicación dan a las dos ramas en pugna van variando a lo largo del tiempo. Al principio se habla de "el aparato" frente a "los parlamentarios". Luego, de "los foralistas" frente a "los centralistas del Gobierno de Vitoria". Después, de "los oficialistas" frente a "los críticos". Y, por fin, del PNV frente a EA.

La escisión divide al PNV prácticamente en dos mitades iguales tanto por arriba, por la dirección (donde una mitad aproximada de los cargos electos optan por cada bando) como por la base. Desde el punto de vista electoral, el impacto es muy fuerte en el partido mayoritario del sur vasco.

En primer lugar, la crisis y tensiones dentro del partido hacen que el PNV, que había recogido 470.000 votos en las elecciones para los parlamentos provinciales de febrero de 1984, pase a obtener únicamene 310.000 en las legislativas de junio del 86.

En las autonómicas adelantadas a noviembre de ese año 86, se presenta por primera vez el grupo escindido con siglas propias, EA, siendo los resultados de 276.000 votos para el PNV y 181.000 para EA. Pero en la siguiente convocatoria electoral, los resultados se equilibrarían más todavía; en efecto, en las elecciones para los parlamentos provinciales de junio de 1987, el PNV bajaría a 237.000 votos y EA subiría a 210.000. Este equilibrio se rompería sin embargo más adelante, en 1989, en favor de una recuperación progresiva del PNV.

En todo caso, las repercusiones electorales de la escisión del PNV han sido grandes en todas las instancias e instituciones y han remodelado fuertemente la formación de la mayoría dirigente en cada una.

Pero, además del desarrollo de los acontecimientos durante la escisión y de sus repercusiones, hemos de aludir también a las causas de la escisión.

Los motivos de divergencia que van apareciendo a la luz pública en los años de la crisis arrancan, en el tránsito del año 83 al 84, con la discusión sobre la llamada Ley de Territorios Históricos, en la que el sector oficial prefiere reforzar cada una de las tres provincias y el sector crítico (la futura EA) prefiere reforzar el Gobierno de Vitoria.

La siguiente divergencia vendría con la ya citada petición de la dirección al PNV navarro de que apoye al partido de la derecha española, a lo que aquél se opone tajantemente.

Con el referéndum sobre la pertenencia del Estado español a la OTAN en marzo de 1986 aparece otra diferencia, ya que los dirigentes del PNV anuncian que votarán que "sí", mientras los del sector crítico son favorables al "no".

El sector oficial reprocha también al líder del crítico, Garaikoetxea, el rodearse de jóvenes advenedizos y poco controlados de tendencia social-demócrata. Los distintos dirigentes de este sector oficial hacen abundantes declaraciones contrarias a la independencia vasca, mientras que los del sector crítico la defienden. Sin embargo, el principal líder de éste, Carlos Garaikoetxea, se opone a que el objetivo independentista figure en los estatutos del nuevo partido, cosa que a duras penas consigue frente a una asamblea poco satisfecha con ello. También hay que señalar en este sentido que EA se extiende a todo el País Vasco, sur y norte, mientras que el PNV se limita desde siempre a la parte sur (luego crearía también una sección simbólica en el norte).

Tras las elecciones autonómicas de noviembre del 86, el largo período que ha de transcurrir antes de la formación del Gobierno de Vitoria pone de relieve otra diferencia más entre los dos partidos, cuya separación ha sido ya consumada. Cuando ambos discuten con el Partido Socialista las condiciones para una coalición, el PNV no le exige al PSOE la transferencia de la Seguridad Social al Gobierno de Vitoria, pero en cambio EA sí se lo exige. Lo cual hace que el PSOE prefiera aliarse con el PNV, con el partido menos exigente.

Las primeras elecciones europeas en junio del 87 hacen patente otra diferencia más, ya que el PNV es aliado internacional de los partidos demócrata-cristianos, mientras que EA elige la colaboración con los grupos verdes y nacionalistas.

Hasta aquí, las divergencias que se han hecho patentes entre las dos ramas del nacionalismo conservador. Las razones de fondo que las han separado parecen estar sin embargo en el fracaso en que a lo largo de los años se ha ido convirtiendo el Estatuto de la Comunidad Autónoma Vasca.

En el momento de la votación del referéndum estatutario (octubre de 1979) existen en la población vasca dos sectores: uno que desconfía de ese Estatuto y se abstiene en la votación y otro que, sin confiar en él demasiado, lo apoya como mal menor, como una posible esperanza. Pues bien, la posterior aplicación que Madrid hará de ese texto, con interminables demoras a la transferencia de competencias, con la anulación en la capital española de muchos acuerdos importantes de Vitoria y, sobre todo, con eternas discusiones y dificultades ante cada transferencia, hará que una buena parte de quienes habían apoyado el Estatuto en sus inicios se vea muy defraudada por su aplicación.

Con lo cual, las iniciales dos mitades de la población de la CAV pasan a recomponerse en tres tercios, que pueden considerarse vigentes hasta nuestros días: un tercio que votó el Estatuto y que sigue contento con él, otro que no lo apoyó entonces y sigue sin apoyarlo hoy y, finalmente, un tercer tercio de la población que titubeó en el referéndum pero que hoy está defraudado de su aplicación. Este factor debe ser tenido muy en cuenta para entender la actualidad vasca.

Algunas citas textuales pueden servirnos para explicitar esta consideración, si bien hay que señalar que cabía haber recogido muchas más y de muchos otros personajes.

El periódico *La Gaceta Ilustrada* publicaba el 1.11.81 una entrevista con el presidente del PNV, Xabier Arzalluz, que incluía estas palabras: "Lo que pasa es que en Madrid hay tal cortedad política que a veces se empiezan a hacer cosas cuando los otros (por ETA) comienzan a zumbar. Eso es lo tremendo. No me cabe en la cabeza. ¿Quién da al final la razón a la violencia? El problema de ETA es un problema político, porque ETA no sería nada sin el apoyo popular que aún tiene. En Madrid tendrían que entender que, gracias a nosotros, gracias a que aceptamos negociar el Estatuto pasando graves peligros por ello, se ha conseguido, por ejemplo, arrastrar a ETA político-militar a la vía de la negociación. Y cuando hemos hecho todo esto, vienen y nos lanzan la Ley Orgánica de Armonización del Proceso Autonómico, la LOAPA, que puede echar abajo todo lo construido hasta ahora. Es increíble".

Si bien el PNV es, junto al PSOE, uno de los partidos más satisfechos con el Estatuto autonómico vigente, algunas frases de su presidente expresan, pues, una relativa insatisfacción, como cuando declaraba el 8.11.80: "El federalismo norteamericano es más profundo que el Estatuto de Gernika".

Nuestra siguiente cita es de Mario Onaindia, antiguo condenado en el "proceso de Burgos", hoy miembro del PSOE y, en el momento de hacer estas declaraciones, dirigente de un partido moderado de izquierda nacionalista: "Si en la sociedad vasca no existe la suficiente normalización y tampoco existe, por parte del Gobierno central, el reconocimiento de las cosas que ha aprobado el pueblo vasco, con qué autoridad vamos a decirle a ETA 'pero ustedes qué están hablando de autodeterminación si en el pueblo vasco ha habido un referéndum en que se ha aprobado un Estatuto de Autonomía', cuando esos militantes de ETA están leyendo todos los días declaraciones de un Gobierno vasco –y que son verdad– diciendo que el Gobierno español no está concediendo las tranferencias y no está respetando el Estatuto de Autonomía".

Por su parte, el escindido Carlos Garaikoetxea repetiría en innumerables ocasiones conceptos similares, mostrando su creciente descontento no con el Estatuto de Autonomía vigente en la Comunidad Autónoma Vasca pero sí con su pésima aplicación desde Madrid.

He aquí algunas frases de sus seguidores, que expresan esa frustración. J.J. Pujana, el 17.1.88: "Ahora no hubiésemos aceptado este Estatuto". J. Elosegi, el 17.4.88: "Con el Estatuto de Gernika nos hicimos muchas ilusiones". J. Azkarraga, el 15.2.89: "La única defensa posible del Estatuto de Gernika es su reforma".

En resumen, este tema, el de la incapacidad de dicho Estatuto para satisfacer el deseo vasco de soberanía, está sin duda en la base de la escisión del PNV en dos partes, quedando por un lado quienes ante esto optan por una línea más regionalista (el PNV) y por otro quienes lo hacen por una más nacionalista (EA).

Pero no hemos de dejar este apartado sin volver antes la vista al momento en que se constituye en Vitoria el nuevo Gobierno tras las ya aludidas elecciones autonómicas de noviembre del 86, ya que en él se produce un acontecimiento sorprendente que no debe faltar en nuestro relato, por más que sea ajeno al tema de la escisión del PNV.

El 26 de febrero de 1987, el Parlamento de Vitoria servía, en efecto, de escenario a un hecho absolutamente insólito en Europa: un preso vasco dirigía su discurso a la cámara como representante de un grupo político legal (Herri Batasuna) y como candidato a presidente del Gobierno autónomo. La sesión parlamentaria trataba de formar el nuevo gobierno de Vitoria tras las elecciones autonómicas del 30.11.86. En el exterior del edificio, una enorme manifestación popular, que en su llegada había sido golpeada por la Policía, seguía el discurso por megafonía.

El peculiar candidato era Juan Carlos Yoldi, de 24 años de edad, ajustador de profesión, preso político preventivo en Herrera de la Mancha a la espera de juicio, acusado de pertenecer a ETA. Para la sesión parlamentaria había sido excarcelado y mantenido bajo constante vigilancia policial.

Frente a él, el otro candidato a presidente era José Antonio Ardanza, que resultaría elegido con los 17 votos de su partido, el PNV, los 19 del PSOE y los 2 del partido centrista español CDS, lo que totalizaba 38 de los 75 votos parlamentarios. EA, EE (izquierda moderada) y CP (derecha española) se abstuvieron. Ardanza presentó un programa «para lograr que Euskadi sea en 1990 una sociedad en paz», según sus propias palabras.

El joven preso leyó su discurso con aplomo y convicción. Terminados los dos discursos en liza y a mitad del debate para la elección del presidente, los diputados de Herri Batasuna abandonaron el pleno del Parlamento, «por considerar que esta institución no es válida ni representa los intereses del pueblo vasco».

En cuanto al propio Yoldi, cuando le preguntaron a la salida qué sentía mientras leía su discurso en un Parlamento, su respuesta fue: «Cuando contemplaba a Ardanza, a los del PSOE, EE y Garaikoetxea, sentía auténtica pena por todos. Pensaba que si esa gente era la que va a sacar a este pueblo adelante, estamos apañados».

Dentro de ese mismo año 87 y en el mes de julio, una escena similar se repetiría en el Parlamento Foral Navarro cuando, en la sesión de nombramiento del nuevo presidente del Gobierno de Navarra, por parte de Herri Batasuna tomó la palabra el preso político Guillermo Arbeloa, acusado, como Yoldi, de pertenecer a ETA.

Nueva fase en el País Vasco norte

Aunque el grueso de nuestro relato se refiere a la parte sur del País Vasco, la más poblada e industrializada, también en el norte se ha registrado un movimiento de afirmación nacional vasca, tímido en un principio pero creciente a lo largo de los años.

Desde la década de los treinta y en particular durante la segunda guerra mundial empieza a actuar el grupo nacionalista Aintzina ("Antiguamente", en vasco), en el que toman parte los escritores Pierres Lafitte y Mark Légasse. Al finalizar esta guerra en 1945, cuando la Asamblea Nacional francesa está elaborando el texto de su nueva Constitución, Mark Légasse redacta un proyecto de Estatuto de Autonomía para esta parte del País, dentro de la cuarta República Francesa.

El diputado vasco Jean Etcheverry-Aintchart es quien presenta este proyecto en la comisión redactora de la Constitución y, si bien la propuesta no es atendida, sirve para señalar la existencia de un núcleo nacionalista vasco en el norte del País y la de una reivindicación pendiente.

Mark Légasse, que editaría por muchos años la revista político-satírica *Hordago,* es encarcelado y multado varias veces por razones políticas y participa otras tantas en procesos electorales, integrado en distintos grupos nacionalistas, y en huelgas de hambre a favor de los refugiados del sur vasco.

El siguiente grupo nacionalista que se crea en el norte del País es el denominado inicialmente Embata ("fuerte viento marino que precede a la galerna", en lengua vasca), ya citado por nosotros, que reúne en la década de los años cincuenta a los estudiantes originarios del País Vasco en Burdeos, París y Toulouse.

A partir de ese origen, Embata evoluciona hasta convertirse en un nuevo movimiento, independiente de las demás organizaciones nacionalistas, para, en septiembre de 1960, publicar el primer número de *Enbata* (con la letra "n" adaptada a la nueva ortografía vasca).

En 1963 el grupo Enbata se constituye como tal y adquiere un especial protagonismo con motivo de la convocatoria en la localidad labortana de Itsasu del primer Aberri Eguna público desde la Guerra Civil española. El fin del acto de Itsasu consiste en la lectura y aprobación de una "Carta" que sirviese de punto de partida para aglutinar a los nacionalistas del norte. El encuentro cuenta con una nutrida representación de grupos nacionalistas europeos, que contribuyen con su asistencia física a dar relevancia al Aberri Eguna.

La llamada "Carta de Itsasu", aprobada en aquel acto, dice así en su moción política:

"La nación vasca está actualmente separada en dos, bajo la dependencia de los Estados francés y español. La lengua vasca está en vías de extinción. La economía de las tres provincias del norte está en regresión, lo que vacía al País de su población y su juventud.

Las diferentes tesis francesas actuales sobre la organización política, económica y cultural, tanto en el cuadro del Estado francés como en el de una Europa en formación, no toman en consideración los verdaderos intereses de la población del País Vasco.

La defensa de la identidad vasca es el telón de fondo de las reivindicaciones del País.

Por tanto, el movimiento Enbata, reunido el 15 de abril de 1963 en Itsasu (Lapurdi) propone al Pueblo Vasco:

En una primera etapa, y respetando la Constitución y las leyes que rigen la República Francesa, la creación de un Departamento Vasco que comprenda las tres provincias de Zuberoa, Baja Navarra y Lapurdi, departamento que gozará de un estatuto de la lengua vasca.

En una segunda etapa, y en la Europa Unida, la formación de una región política, administrativa y culturalmente autónoma, que reúna a las siete provincias vascas, y federada con las demás entidades europeas".

A partir de 1970, las actividades del grupo Enbata quedan reducidas a publicar la revista, a hacer alguna huelga de hambre y a sufrir un proceso judicial impuesto por las autoridades francesas. La revista se publica ininterrumpidamente hasta el 30 de enero de 1974, fecha en que el Consejo de Ministros francés prohíbe esta asociación. Sin embargo, un año después la revista continúa apareciendo, en una nueva serie.

Una de las actividades que inicia el grupo Enbata es la presentación de candidaturas en las distintas convocatorias electorales, a partir del año 67, actividad que retomarán después otros grupos políticos nacionalistas que irán surgiendo en el norte del País. Veamos los resultados obtenidos en la elecciones legislativas y su evolución a lo largo del tiempo.

Para seguir la evolución electoral del norte vasco, no son significativas –por distintas razones técnicas que sería engorroso enumerar aquí– ni las elecciones presidenciales ni las municipales ni las cantonales, sino sólo las legislativas y, en los tiempos recientes, las denominadas "regionales" (al Parlamento regional de Burdeos).

Pues bien, la presencia electoral nacionalista en los tiempos recientes se inicia en el País Vasco norte en las legislativas de marzo del 67, en las que el grupo Enbata obtiene un 4'6% de los votos. En junio de 1968 ese porcentaje desciende al 1'6%.

En 1978, el partido nacionalista que se presenta entonces se denomina EHAS, que logra el 3'6% de los votos emitidos. En 1986, en cambio, pasa a ser Ezkerreko Mugimendu Abertzalea (Movimiento Nacionalista de Izquierda, creado el año anterior),

EMA, el partido que se presenta, y logra igualmente un 3'7% de los votos emitidos.

En las siguientes elecciones legislativas, las de 1988, las candidaturas nacionalistas obtienen el 5'1% de los votos emitidos. En las regionales del 92, se unen dos de los principales grupos nacionalistas, cuyas siglas son EMA, ya aludido, y EB (Euskal Batasuna, "Unidad Vasca", creado en 1986), obteniendo entre ambos el 7'2% de los votos válidos; además, un tercer grupo nacionalista, Eusko Alkartasuna, unido orgánicamente a la ya mencionada escisión del PNV en el sur, obtiene otro 1'1% en esa misma votación; de manera que el voto nacionalista alcanza ya en esta ocasión al 8'3% de los votos válidos. Es la cota más alta lograda hasta ahora.

Finalmente, en las elecciones legislativas de 1993 la coalición EMA-EB logra el 5'4% y Eusko Elkartasuna otro 1'1%, lo que da un total de 6'5%. El resumen podría ser, una presencia electoral reducida, con altibajos y, en general, con una ligera tendencia al crecimiento.

En el País Vasco norte es de señalar el tradicional desnivel entre la presencia nacionalista en el plano político, escasa, y su presencia, más alta, en otros planos de la vida social, como la economía, el deporte, la cultura y la defensa de la lengua vasca.

Sin embargo, el principal elemento nuevo de estas últimas décadas en la parte norte del País Vasco es sin duda alguna la aparición, también allí, de grupos armados, en particular del denominado Iparretarrak (que significa "Los del norte"), lo que ha condicionado fuertemente todos los datos de su vida política.

Es el 11 de diciembre de 1973 cuando aparece por primera vez a la luz pública el grupo armado Iparretarrak, con un atentado en la localidad bajonavarra de Banca, interviniendo en el conflicto laboral de un centro médico. Sin duda, en su origen tiene una gran influencia la situación del movimiento nacionalista en el sur y el auge allí de la lucha armada, si bien hay que señalar que el primer atentado de Iparretarrak es anterior, aunque por sólo pocos días, a la muerte de Carrero Blanco. En 1974 aparece el primer número de su revista, *Ildo* ("Surco"); y la primera detención de un militante se produce a fines de 1977.

La existencia de la lucha armada en el norte del País se discute allí durante muchos años y cabe decir que, con el tiempo, ha llegado a ser admitida por la mayoría de los grupos nacionalistas, aunque en un principio la resistencia fue grande.

Entre 1978 y 1981 existe además otro grupo armado llamado Hordago, que funciona aparte. A principios de 1980, dos militantes de Iparretarrak mueren al preparar un atentado, siendo de reseñar que varios otros militantes más habrían de caer también en la lucha.

Las acciones armadas del grupo Iparretarrak han sido numerosísimas a lo largo de los años, en particular contra instalaciones turísticas, edificios oficiales franceses, gendarmes, confidentes y agencias de subcontrata laboral, así como en defensa de la ecología. Nunca ha planteado su lucha con pretensiones insurreccionales sino que se ha limitado siempre a acciones de denuncia.

En 1983 se produce un encuentro entre militantes de este grupo y la Policía francesa, en el que muere un gendarme y desaparece un militante de Iparretarrak. En julio del 87, el Gobierno francés ilegaliza al grupo. En febrero de 1988 es detenido Philippe Bidart, considerado por la Policía el dirigente principal del grupo armado.

La acción de Iparretarrak ha continuado con fuerza a lo largo de los últimos años y, como hemos indicado, ha ido siendo cada vez más aceptada por los distintos grupos nacionalistas del País Vasco norte.

En el año 1994 se ha producido un acercamiento importante entre la formación Herri Batasuna, del sur vasco, y tres de los principales partidos nacionalistas del norte: Ezkerreko Mugimendu Abertzalea, Euskal Batasuna y Herriaren Alde ("En favor del pueblo", en vasco).

Panorama electoral

El panorama electoral del norte vasco lo hemos descrito en el apartado anterior. Ahora vamos a dar el correspondiente al sur. Y terminaremos este apartado con la evaluación del voto nacionalista en la totalidad del territorio vasco.

De los 2.150.000 electores del censo electoral del sur del País Vasco, suelen abstenerse en las elecciones entre 600.000 y 1.000.000. El resto vota sobre todo entre los hoy ocho principales partidos, tres de ellos de ámbito español, otros tres de ámbito vasco y dos más de ámbito uniprovincial. Los primeros son el socialdemócrata PSOE, el conservador Partido Popular y la agrupación Izquierda Unida. Los segundos son el Partido Nacionalista Vasco, Eusko Alkartasuna y Herri Batasuna. De los dos de ámbito provincial, uno es más importante, Unión del Pueblo Navarro, y otro lo es menos, Unidad Alavesa.

Entre 1977 y 1993 ha existido también otro partido de ámbito vasco, Euskadiko Ezkerra, pero en ese último año se integró mayoritariamente en el PSOE, quedando una importante minoría sin entidad propia difuminada entre los partidos nacionalistas.

Los partidos más votados del sur vasco son el PSOE y el PNV, cada uno con 300.000 votos aproximadamente. A éstos les siguen HB, con unos 200.000, EA con 130.000, el PP con 120.000 y UPN con 70.000. IU y UA son menos importantes.

Los partidos de ámbito vasco o provincial tienden a ser más votados en las elecciones locales que en las generales. Esto les sucede en particular al PNV, a UPN y a UA y mucho menos a HB y EA. Con los partidos de ámbito español, en cambio, tiende a ocurrir correlativamente lo contrario, que suelen ser más votados en las elecciones legislativas, es decir, en las destinadas a las cámaras madrileñas.

Por otra parte, estos últimos, suben o bajan su voto en el sur vasco al compás de lo que les sucede a nivel de todo el Estado. El PSOE no hizo sino bajar su número de votos en el País Vasco desde el inicio de las elecciones posfranquistas en 1977. En cambio en 1982 experimentó un alza espectacular, paralela a la que había tenido entonces en el conjunto estatal.

Del mismo modo, sus posteriores pérdidas no las remontó hasta las legislativas de 1993, en que las cuatro provincias vascas volvieron a votarle bastante, inducidas nuevamente por una reñida contienda electoral que se desarrollaba a nivel de todo el Estado entre este partido y la derecha tradicional. Y lo contrario le ocurrió en las elecciones europeas de junio del 94, en un fenómeno otra vez determinado desde Madrid.

En cuanto al reparto de sus votos entre las distintas cuatro provincias, se puede decir que el PSOE y HB tienen una implantación homogénea en todo el territorio del sur vasco, mientras que el PNV carece de apoyo en Navarra. Relativamente, el PSOE es importante en Álava, HB en Guipúzcoa, UPN en Navarra y el PNV en Vizcaya.

El que existan nada menos que ocho partidos de una cierta entidad es reflejo de una sociedad mal institucionalizada, con contradicciones importantes no resueltas y necesitada de un cambio.

El número alto de partidos, la relativamente parecida suma de votos de cada uno y su diferente implantación provincial configuran la actual atomización electoral del País Vasco sur, fuente de problemas institucionales numerosos y a veces muy enrevesados.

El elevado número de partidos políticos vascos tiene su primera explicación en el cruce que se produce aquí entre el eje izquierda-derecha y el eje País Vasco-España.

En cuanto al parecido de votos entre unos partidos y otros y a la falta de un partido hegemónico, son fenómenos que se han producido a partir de la ruptura en dos del PNV en 1986.

Como consecuencia de todo ello, cada institución exige en cada lugar coaliciones diferentes de gobierno, lo que produce una permanente inestabilidad institucional. El entramado resultante es muy complejo y excesivamente inmediatista. Para una toma de decisiones favorable a los intereses populares, se requeriría sin duda una base política más sólida y plazos de actuación más bien medios o largos que cortos.

En cuanto a los dos gobiernos autonómicos, el de Vitoria (o de la Comunidad Autónoma Vasca) suele estar dirigido por una coalición entre el PNV y el PSOE y el de Navarra lo está unas veces por el PSOE y otras por UPN.

Con lo cual hemos terminado el repaso del panorama electoral en el sur vasco. Para completar el tema de las elecciones, vamos ahora a calcular el peso del voto nacionalista en el conjunto del País, norte y sur. Aunque ese peso varía ligeramente de unas elecciones a otras, daremos como referencia el de las elecciones regionales del 92 para el norte y el de las elecciones a los parlamentos provinciales del 91 para el sur.

En las elecciones regionales (para el Parlamento de Burdeos, en consecuencia) del 22.3.92 en el País Vasco norte, se presentaron dos candidaturas nacionalistas o de ámbito vasco, que sumaron el 8'3% de los votos válidos. El otro 91'7% de los votos fue dirigido a partidos de ámbito francés, como UDF, RPR, PSF, PCF, etc., u otros dedicados a temas específicos como la caza, el empleo, la ecología, etc. La gran mayoría de los ciudadanos del País Vasco norte se sienten, pues, al menos electoralmente, franceses.

Bajando ahora al sur, en las elecciones del 26.5.91 para los Parlamentos provinciales (denominados Juntas Generales en las provincias occidentales y Parlamento Foral en Navarra), los partidos de ámbito vasco eran cuatro: PNV, HB, EA y EE. La suma de sus votos suponía el 49'8% de los votos emitidos en Álava, el 72'4% en Guipúzcoa, el 19'8% en Navarra y el 65'2% en Vizcaya. El resto de los votos fueron a parar a partidos de ámbito estatal español como el PSOE, el PP o IU, o de ámbito provincial, pero que se sienten sobre todo españoles, como UPN en Navarra y UA en Álava.

Como resumen cabe decir que el norte vasco dio un 8'3% de voto nacionalista y el sur un 55'8%. En el conjunto del País Vasco esto supone el 51'7% de votos a partidos nacionalistas y el 48'3% a partidos estatalistas franceses o españoles. Aunque este indicador es sin duda muy simplista, parece que el voto nacionalista es mayoritario en el País Vasco y que lo es muy ligeramente.

Para situar ese dato en su contexto social, siquiera mínimamente, hay que advertir que la actual población vasca se divide en tres tercios con arreglo a su origen geográfico: un tercio aproximado de la población es nacida fuera del País Vasco, otro tercio es nacida en él de antepasados vascos y el tercer tercio es nacida en él de antepasados inmigrados.

Intentos de negociación

Para el nacionalismo radical, el contencioso existente entre el Estado español y el sur vasco no puede solucionarse por la vía impositiva, logrando una de las dos partes el aniquilamiento de la otra, sino sólo por la vía de la negociación política entre ambas. Este punto de vista ha sido compartido, aunque de modo irregular en el tiempo, también por otras corrientes políticas. Lo que en cualquiera de los casos parece claro es que, para las encuestas de opinión, la población vasca es ampliamente favorable a una salida negociada y lo antes posible.

Aunque el Gobierno español unas veces lo ha admitido y otras lo ha negado, el hecho es que, en muy numerosas ocasiones, ha mantenido contactos con ETA con vistas a una negociación.

Ya a finales de 1975, inmediatamente tras la muerte de Franco, se producen dos citas entre un enviado del nuevo rey Juan Carlos (el futuro ministro Marcelino Oreja) y representantes de ETA militar: la primera en Bayona con Txomin Iturbe de interlocutor y la segunda en Biarritz con éste acompañado de José Miguel Beñaran (quien habría de morir en atentado a fines del 78). El enviado real pretende una tregua de ETA a cambio de ciertas promesas, pero la proposición no le parece a ETA ni clara ni segura.

Tras la aprobación de la Ley de Reforma Política a fines de 1976, empiezan en Ginebra otros contactos entre representantes de la rama político-militar de ETA y tres altos oficiales del Ejército. Éstos proponen la liberación de presos, el permiso de vuelta a los exiliados y la legalización de los partidos políticos a cambio de una tregua de tres meses por parte de las dos ramas de ETA.

A la segunda reunión de Ginebra, a principios del 77, asisten también dos representantes de ETA militar, quienes manifiestan que no tratarán con el Gobierno mientras la legalización de los partidos y la amnistía no sean un hecho. La rama político-militar, en cambio, continúa manteniendo estos contactos en París y, luego, en el Estado español.

A mediados de 1977, como continuación de los anteriores contactos, los representantes de la rama político-militar de ETA se entrevistan con varios militares y policías dentro del Estado español, con vistas a la libertad de movimientos para presos y exiliados. Por su parte, miembros de la Coordinadora KAS tienen igualmente contactos con un representante del Ejército.

En 1978, Josep Tarradellas, presidente de la Generalitat de Catalunya, y el presidente del Gobierno Vasco aún en el exilio, Jesús María Leizaola, se entrevistan, por encargo del jefe de Gobierno de Madrid, Adolfo Suárez, con dos dirigentes de ETA militar, entre ellos Txomin Iturbe, para explorar la posibilidad de un alto el fuego. La reunión se celebra en la localidad de Le Boulou, en la Cataluña norte, a pocos kilómetros de la frontera.

Ese mismo año se producen también otros intentos para entablar el diálogo. En el mes de junio, el periodista José María Portell sirve de intermediario entre el Ministerio del Interior y ETA. Por su parte, el abogado de presos de ETA Iñaki Esnaola, un antiguo alcalde de Deba y el gobernador civil de Guipúzcoa impulsan un intento de conversaciones.

Posteriormente, pero también dentro del año, el ministro del Interior, Rodolfo Martín Villa, hace un ofrecimiento para entrevistarse con ETA en cualquier país de Europa. Pese a que el ministro llega a desplazarse a Suiza, el encuentro fracasa porque la organización armada pide que el contacto se haga público.

El 15.5.78 Felipe González declara a la *Hoja del Lunes* de Bilbao: "Dicho con toda la responsabilidad que ello comporta, desde el punto de vista político, debo decir que soy partidario de negociar con ETA".

Por otro lado, hay ese mismo año 78 otro intento negociador, protagonizado por José María Benegas, alto dirigente del PSOE, entonces en la oposición, quien hace la siguiente afirmación: "ETA no puede aceptar como intermediario a ninguna persona que pretenda jugar en este asunto un papel de protagonismo. Creo que, en el supuesto de que ambas partes accedan a la negociación, ésta debe ser directa". Benegas trata de entrevistarse en San Juan de Luz con el dirigente de ETA José Miguel Beñaran, pero éste no le recibe por considerar la iniciativa carente de respaldo.

El 11.5.80 es el líder conservador José María de Areilza quien se declara partidario de la negociación con ETA.

En 1981 el ministro del Interior, Juan José Rosón, inicia conversaciones con representantes de ETA político-militar y se llega al acuerdo de un alto el fuego como condición previa para la excarcelación y el regreso de varios centenares de refugiados, proceso que llevaría a la desaparición de ETA político-militar.

Unos años después, en febrero de 1984, Enrique Rodríguez Galindo, comandante de la Guardia Civil, se entrevista con Txomin Iturbe en una cafetería de Andorra, pero la entrevista finaliza sin acuerdos. En los meses siguientes, dos miembros del servicio de información del Ejército, CESID, que dicen representar al Gobierno, se reúnen con Iturbe, primero en el Estado francés y luego en la ciudad belga de Mons y en la suiza de Lausanne.

En julio del 84, Felipe González, ya en el Gobierno, intenta un camino nuevo y convoca al palacio de la Moncloa al jesuita José María Martín Patino, que durante la transición política había jugado un papel importante en el seno de la Conferencia Episcopal Española. El jesuita, junto a otro compañero, se entrevista en París con Iturbe y, a pesar de la cordialidad de la larga entrevista, de nuevo el intento fracasa porque ETA sólo admite un diálogo que incluya la discusión política.

El 22 de agosto de ese año, el ministro socialista del Interior, José Barrionuevo, afirma que está dispuesto a entrevistarse con Txomin Iturbe "donde quiera y cuando quiera". La respuesta de ETA sería que la única base de negociación era la Alternativa KAS.

En septiembre del mismo año 84, Pierre Guidoni, embajador del Estado francés en Madrid se entrevista, con la aprobación de Felipe González, con dos dirigentes de Herri Batasuna, para informarles que su país está dispuesto a acabar con las extradiciones de refugiados si ETA acepta una tregua, pero esta información es acogida por ETA como una simple amenaza.

A principios de 1985, de nuevo el comandante Rodríguez Galindo pretende entrevistarse con ETA y contacta para ello con Kepa Ordoki, antiguo comandante vasco durante las guerras civil y mundial, pero ETA prefiere no llevar adelante un intento que le resulta excesivamente policial. A partir de ahí sería de nuevo el Ejército el encargado del siguiente tanteo negociador.

En efecto, en octubre del mismo año 85, el industrial vasco Juan Félix Eriz afirma que durante el verano de ese año el servicio de información del Ejército (CESID) se dirigió a él para que sondeara a ETA con vistas a una posible negociación. Un mes más tarde, representantes de la Policía y del Ejército aseguran que desde agosto han mantenido contactos en Ginebra, Andorra y Bruselas con miembros de ETA.

El ex ministro del Interior de UCD Juan José Rosón aboga el 15.10.85 por una negociación "sin engaños" con ETA.

Según los medios de comunicación, el Gobierno español mantiene en 1986 contactos durante cuatro meses con Txomin Iturbe, hasta su deportación a Argel en el mes de julio.

Las conversaciones de Argel

También en 1986, y ya en Argel, Txomin Iturbe tiene varios encuentros con representantes españoles. En el primero, en noviembre del 86, aparece un abogado policial en representación del Ministerio del Interior y la entrevista resulta tensa. El segundo, en enero del 87, está protagonizado por tres altos funcionarios del mismo ministerio y el representante de ETA, Txomin Iturbe, pide el traslado a Argel de su compañero de militancia Eugenio Etxebeste, pero el propio Iturbe había de fallecer en el mes de febrero en un accidente. El traslado del cadáver de éste a su pueblo natal de Mondragón (Guipúzcoa) el 8.3.87 dio lugar, por cierto, a una de las más multitudinarias y emotivas manifestaciones populares de apoyo a ETA.

El 19 de junio de 1987 se produce en Barcelona un mortífero atentado de ETA en el supermercado Hipercor, que causa 21 muertos y gran número de heridos. La Policía había sido alertada por tres veces de la colocación de una potente bomba en el supermercado, pero prefirió no tomar medida alguna y dejar que estallase para desprestigiar a ETA.

La sentencia de la Audiencia Nacional hecha pública el 20.5.94 reconoce que la actuación policial en el atentado de Hipercor no fue la exigible y que, si hubiera reaccionado como debía durante la hora transcurrida entre el primer aviso de los militantes y la explosión, se habrían evitado las víctimas. La sentencia condena en consecuencia al Estado a indemnizar a éstas.

Este tremendo atentado, por el que ETA se autocriticaría más adelante, tiene por efecto en la opinión pública una fuerte conmoción y en el Gobierno, la decisión de enviar a Argel al dirigente de ETA Eugenio Etxebeste, deportado entonces en Ecuador, con el propósito de reanudar las conversaciones interrrumpidas por la muerte de Iturbe.

Dos analistas, hasta la fecha, han establecido una relación causa-efecto entre el atentado de Hipercor y el reinicio de las conversaciones de Argel. El primero es el norteamericano Robert Clark, especialista en ETA e informado por el Ministerio español del Interior, quien, en su libro *Negotiating with ETA,* editado en 1990, dice textualmente: "Tras la bomba de Hipercor, los españoles se decidieron rápidamente a retomar las negociaciones y el 9 o 10 de julio Etxebeste dejaba Ecuador camino de Argelia".

El segundo analista es el portavoz del Ministerio del Interior Alberto Pozas, autor del libro *Las conversaciones secretas Gobierno-ETA,* publicado en 1992, donde se dice: "Tras el atentado de

Hipercor... se decide trasladar a Eugenio Etxebeste a Argelia para seguir explorando la posibilidad de un diálogo... Las reacciones a lo de Hipercor abrían la posibilidad de que los políticos consiguieran suavizar la estrategia criminal de los terroristas ante la nueva posibilidad de iniciar un proceso de diálogo en Argel... y Etxebeste llega a Argel en julio del 87, esta vez de la mano de España".

El primer contacto entre los representantes del Gobierno, dos policías en esta ocasión, y Eugenio Etxebeste se inicia el 11 de agosto de 1987, en medio de una gran tensión entre los participantes, y el segundo, un mes más tarde.

Entre medio de esos dos contactos, durante su entrevista del 25 de agosto de 1987 en el Departamento francés de las Landas, el presidente francés François Mitterrand aconseja a Felipe González que negocie con ETA para zanjar el contencioso vasco. Al día siguiente Jesús Intxausti, dirigente del PNV, declara que la posibilidad de un inicio de negociaciones es una noticia muy positiva. A los dos días, el portavoz del Gobierno, Javier Solana, sorprende a todos con una declaración ante la televisión afirmando que "contactos con ETA los ha habido, los hay y los habrá".

En la segunda reunión, el 18 de septiembre, Etxebeste señala la necesidad de que a los encuentros acuda un interlocutor político, no policial, para iniciar una fase de conversaciones políticas encaminada a preparar un posible marco de acuerdos.

Estos contactos son el preludio de la mayor ofensiva francesa contra los refugiados vascos en su territorio. El Gobierno de París organiza el 3 de octubre de 1987 la más gigantesca operación policial, con un altísimo balance de detenciones y entregas de refugiados de Policía a Policía. La operación es interpretada como una amenaza de cara a las conversaciones de Argel.

El ex presidente del PNV, Jesús Insausti, entrevistado en el diario *Egin* el 15.11.87, afirma: "Yo siempre he visto y comprendido que el problema de ETA, mírese como se mire, es un problema político, luego la solución tiene que ser también política. Estoy convencido de que fuera de la negociación este problema tiene una solución difícil o, peor aún, no tendrá solución. Pensar que este problema puede resolverse por vías represivas, por vías policiales, es una locura".

El dirigente de ETA que preparó las conversaciones de Argel, Txomin Iturbe, falleció en el país magrebí en febrero de 1987, lo que provocó un gigantesco acto de duelo en su localidad natal de Mondragón.

En octubre y noviembre se producen otros encuentros con Etxebeste, esta vez para tratar temas políticos, pero ahora ya es un político, un dirigente del PSOE, quien representa a la parte española. Coincidiendo con uno de los encuentros, el número dos del FLN argelino viaja a Madrid a entrevistarse con Felipe González.

También coincide con esas reuniones la puesta en marcha de un pacto anti ETA que había de ser suscrito por la casi totalidad de los partidos políticos españoles y vascos. La primera firma de este pacto se realiza en noviembre de 1987 en Madrid entre todos los partidos de ámbito estatal, más el catalán CiU y los vascos PNV y EE. Se le llamaría Pacto de Madrid.

Tras un sangriento atentado de ETA el 11.12.87 contra una casa-cuartel de la Guardia Civil en Zaragoza, el Gobierno español le comunica a esta organización su decisión de suspender los contactos y le pide una tregua como condición para su reinicio.

El aludido Pacto de Madrid resultaría precursor de los dos que se suscribirían después en el sur vasco: el 12.1.88 en Vitoria, que se denominaría Pacto de Ajuria Enea y firmarían los mismos partidos además de EA, éste con una reserva escrita; y, algo más adelante, el 7.10.88, firmarían otro texto similar en Pamplona esos mismos partidos, menos el PNV y EA, más otros pequeños de carácter local.

El 27 de enero de 1988 ETA ofrece públicamente la posibilidad de una tregua de 60 días, condicionada al cese de las hostilidades policiales durante ese mismo tiempo, en el marco de las conversaciones que se estaban desarrollando en Argel. Esta propuesta de tregua bilateral no tiene respuesta por parte del Gobierno español, pero varios comentarios que éste filtra a la prensa quieren hacer ver que ETA se encuentra ya en tregua. Hasta tal punto se extiende entre la población esta tergiversación que ETA se ve obligada a sacar un comunicado para desmentirla, añadiendo que sin un previo encuentro entre las dos partes, no hay tregua.

El Gobierno prefiere mantener su silencio y, a fines de febrero, ETA secuestra en Madrid a un conocido empresario, Emiliano Revilla, que habrá de pasar ocho meses secuestrado, con lo que el Gobierno abandona de momento toda idea negociadora.

Un dirigente de HB que ha sido varias veces alcalde de la localidad de Bergara, se quejaría del silencio oficial ante la oferta de ETA: "La propuesta de enero es la más seria que haya hecho nunca la organización armada en este sentido y es lamentable que fuera interpretada como un síntoma de debilidad, porque ello ha dado al traste con aquella ilusión que se creó en nuestro pueblo".

En el Ministerio del Interior, José Luis Corcuera sucede en julio del 88 a José Barrionuevo, pero su principal dirigente para las conversaciones de Argel, Rafael Vera, continuaría en su cargo. Al día siguiente de su nombramiento, Corcuera se traslada secretamente a Argel.

Igualmente en el Gobierno de Vitoria se produce el relevo del consejero de Interior, y el recién nombrado declara en ese mismo mes de julio: "Soy partidario de la negociación política con ETA. La negociación se da en la mayoría de los procesos de la vida y, claro, no vamos a negar a nuestro pueblo la salida de la negociación".

Tras la liberación del industrial Revilla, ETA vuelve a sacar el 30 de octubre de 1988 un comunicado, muy similar al del 27 de enero anterior, en el que transmite de nuevo su deseo de llegar a una tregua bilateral de 60 días para abrir un período de conversaciones con el Gobierno español. Aún habrían de pasar más de dos meses para que la oferta pudiera hacerse efectiva.

En efecto, una vez que pasa la gran huelga general del 14 de diciembre en todo el Estado español contra la política económica del Gobierno y al poco de aparecer en *Diario 16* una larga entrevista a ETA en la que ésta renueva su oferta negociadora, el Gobierno español hace llegar a la organización armada una propuesta de que, a cambio de un alto el fuego unilateral de dos semanas, está dispuesto a iniciar los encuentros, dando seguridades de que éstos tendrán un nivel superior al habido hasta entonces.

ETA acepta la proposición y, como respuesta, el 7 de enero de 1989 declara una tregua unilateral de 15 días. Cuatro días después, y por lo tanto en plena tregua unilateral, la Policía francesa detiene en el País Vasco norte a dos dirigentes de ETA. Al concluir el plazo estipulado de 15 días, la organización armada vasca comparece de nuevo ante la opinión pública para informar del encuentro celebrado en Argel entre cualificados representantes del Gobierno español y Eugenio Etxebeste, "lo que ha supuesto –diría en su comunicado de nueve puntos– un avance positivo en cuanto al tratamiento de ciertos temas que hasta el presente eran prácticamente inabordables".

"Como consecuencia de este primer encuentro –continúa el comunicado–, se ha acordado la formación de una mesa de conversaciones políticas con el objeto de iniciar un debate y un diálogo en torno a las diferentes cuestiones que enmarcan el proceso de enfrentamiento existente". Para ello se han establecido el escenario argelino, la figura de una serie de asesores a la que podría recurrir cada parte y el papel mediador del Gobierno argelino, "tanto del proceso de conversaciones como de los compromisos mutuos que se vayan derivando de las mismas". ETA comunica también el establecimiento de una tregua bilateral de dos meses, hasta el 26 de marzo, Aberri Eguna.

Estos nueve puntos han sido consensuados entre las dos partes, quedando de acuerdo en que sería ETA la que los daría a conocer y que el Gobierno, para no explicitar demasiado su compromiso, se limitaría a sacar otro comunicado distinto, más breve y menos concreto, dándolos por buenos en líneas generales. Efectivamente, a las pocas horas del comunicado de ETA, el Gobierno emite otro en ese mismo sentido.

La noticia de la tregua bilateral es recibida por la opinión pública vasca con optimismo, por la posibilidad que se abre a una paz estable y duradera. La tregua se cumple puntualmente y entre el 15 de enero y el 4 de abril no se dan ni atentados por parte de ETA ni tampoco detenciones políticas por parte de la Policía, lo que confirma sin dejar sombra de duda el carácter bilateral de la tregua.

En sus ediciones del 30 de enero, las revistas *Tiempo* y *Tribuna* publican sondeos de opinión según los cuales la población vasca es mayoritariamente favorable a la negociación. El 31 el Sindicato Unificado de Policía se pronuncia rotundamente a favor de las "conversaciones políticas".

Entre el 25 de enero y el 22 de marzo, se reúnen en Argel un total de cinco veces las dos delegaciones, compuestas de la siguiente manera: en el lado español están los dirigentes socialistas Juan Manuel Eguiagaray y Rafael Vera y en el lado vasco, Eugenio Etxebeste y dos militantes más, un hombre y una mujer. Además, las reuniones cuentan siempre con la presencia de un mando del Ejército argelino. El contenido principal de los encuentros lo constituyen una serie de conversaciones políticas sobre el desarrollo de la reforma del franquismo y sus consecuencias para el País Vasco.

El 4 de febrero, el vicepresidente del partido navarro UPN sostiene que "ETA y el Gobierno pueden poner sobre la mesa de negociaciones temas políticos, con tal de que no vayan contra la legalidad. La Alternativa KAS contiene puntos que pueden ser perfectamente modulados en una negociación y que, en un cierto porcentaje, no romperían el marco jurídico existente".

El juez francés Michel Legrand declara a la revista *Cambio 16* en su número del 16 de febrero que "policías y jueces no resolverán el problema de ETA".

Tres días después, el 19 de febrero, el presidente del Gobierno de Vitoria, tras declararse "moderadamente optimista" con respecto al resultado de los contactos de Argel, afirma por su parte que "cuando éstos fracasen, Bélgica tiene bastantes posibilidades para convertirse en el escenario de una próxima rueda de conversaciones".

A lo largo del proceso negociador, el ministro del Interior, José Luis Corcuera, convoca en varias ocasiones a los partidos del Pacto de Madrid para darles cuenta de dicho proceso y para recabar su colaboración. Lo que el ya mencionado periodista policial Alberto Pozas subraya acerca de estas convocatorias en su libro es que "la postura que más llama la atención de Corcuera es la del líder del primer partido de la oposición, Manuel Fraga", quien no sólo acepta que se continúe con el intento negociador sino que "Fraga va aún más lejos y se ofrece personalmente para hacer las gestiones que consideren oportunas".

El 27 de marzo, al límite de la tregua bimestral y coincidiendo prácticamente con el Aberri Eguna, que ha sido el día anterior, ETA emite un nuevo comunicado de ocho puntos en el que relata los encuentros habidos con la delegación española y anuncia una segunda fase de conversaciones políticas en Argel, "lo que supone un nivel superior en el debate y un avance cualitativo en la búsqueda de una solución negociada al actual proceso de enfrentamiento". Tres nuevos miembros de ETA se incorporarían a las conversaciones y, paralelamente a éstas, se crearía otra ronda de encuentros entre el PSOE y HB, que se iría ampliando a los restantes partidos. Además, se abría una nueva tregua, esta vez trimestral, que duraría hasta el 24 de junio.

Los ocho puntos del 27 de marzo, al igual que los nueve del 23 de enero, han sido elaborados entre las dos partes dialogantes, quedando de acuerdo, como entonces, en que sería ETA la que los daría a conocer y el Gobierno español sacaría otro comunicado unas horas después dándolos globalmente por buenos.

Sin embargo, la respuesta del Gobierno español al comunicado de ocho puntos de ETA se limita a valorar como positivas las conversaciones habidas, pero en cambio dice que el contenido de dicho comunicado le es ajeno y, al definir el objetivo de la siguiente fase de conversaciones, sustituye las palabras "solución política negociada" por "solución acordada y definitiva", lo que da a endenter que se niega a la negociación política con ETA, a pesar de haberlo establecido así conjuntamente en Argel. Además, se ata a la Constitución y Estatuto vigentes, dos piezas jurídicas que son precisamente un elemento clave en la discordia.

Probablemente presionado desde fuera, el hecho es, por tanto, que el Gobierno de Madrid no se atreve a refrendar el acuerdo alcanzado con ETA el 27 de marzo y es esa marcha atrás la que rompe las conversaciones de Argel.

ETA emite un nuevo comunicado pidiendo al Gobierno español que cumpla su parte del compromiso dando por válidos los ocho puntos de su comunicado anterior, y manifestando que, de no hacerlo, los puntos suscritos quedarían en suspenso y "se abrirían todos los frentes".

El Gobierno se niega a dar por válidos los famosos ocho puntos y el 8 de abril la explosión de siete bombas en la red ferroviaria estatal y la de una carta-bomba en Irun constatan que efectivamente las conversaciones han quedado cerradas.

Diez días más tarde, el 18 de abril, la presión de Madrid sobre Argel fuerza la deportación de seis refugiados de esta última capital a Santo Domingo, entre ellos los tres interlocutores de ETA en las conversaciones con el Gobierno español. La prepotencia de este Gobierno sobre el argelino había existido desde un principio, pero se había visto aumentada con la fuerte inestabilidad política que registra en esas fechas la nación magrebí y con una serie de favores que aquel Gobierno había hecho hacía poco a éste: la modificación de su anterior política pro-marroquí, la concesión de enormes créditos baratos e incluso la entrega de algún disidente argelino detenido en territorio español.

Al poco de las conversaciones de Argel, un alto funcionario del Gobierno vasco, Luis Alberto Aramberri, diría el 14.4.89: "Los objetivos nacionales de la sociedad vasca no difieren en gran medida de lo que ETA ha propugnado en Argel".

Nicole Pery, diputada francesa y vicepresidenta del Parlamento Europeo, declara el 5 de mayo: "Francia seguirá presionando en favor de la negociación política".

Poco después, en entrevista concedida a *Egin* y publicada el 14.5.89, el dirigente de Izquierda Unida Julio Anguita declaraba que "las conversaciones concluyeron porque se realizaron modificaciones a lo pactado por parte de estamentos superiores, de lo que se deduce que los conversadores de Argel eran simples interlocutores".

El economista Ramón Tamames, del partido centrista CDS, afirma por su parte el 4.6.89: "La negociación con ETA debe reiniciarse aquí, en Argel o donde sea".

A los dos meses de rotas las conversaciones políticas de Argel, los dirigentes de ETA en prisión que habían sido designados para tomar parte en una posterior fase negociadora daban por su lado desde la cárcel su interpretación de aquella ruptura: "La delegación española no ha cumplido sus compromisos y han desautorizado a sus representantes Vera y Eguiagaray. El peso del sector más reaccionario de los poderes reales ha sido determinante para este desenlace, pero el proceso es irreversible y se reabrirá tarde o temprano... El proceso activado en Argel supone un reconocimiento de hecho de la calidad de interlocutora de la organización Euskadi Ta Askatasuna y, por lo tanto, cualquier iniciativa futura ha de ser de rango superior a la etapa pasada".

¿Por qué el Gobierno socialista se echó atrás del acuerdo tomado en Argel por sus dos representantes? Nunca se han sabido las razones, ni probablemente se sepan tampoco nunca, ya que tuvo que recibir fuertes presiones en ese sentido y sin duda las más secretas de ellas habrían sido las más decisivas, como sucede habitualmente. Lo seguro es que el año 89 iba a contar con dos convocatorias electorales (europeas y legislativas) y que los comentarios de la prensa madrileña habían interpretado el acuerdo de Argel como un síntoma de debilidad, cuando no como una traición, según indican estas tres muestras:

– *ABC,* conservador, el 29 de marzo del 89, titulaba su editorial con las significativas palabras "En la frontera de las concesiones". Al día siguiente escribiría que "derrotada policialmente, una torpeza del Gobierno permitiría a ETA ganar la batalla política".

– El también conservador diario *Ya* del día 30 hablaba directamente de "Bajada de pantalones en Argel".

– Por fin, el diario de izquierda *El Independiente* del 5 de abril decía que "Las presiones de la derecha obligaron al Gobierno a modificar el texto pactado en Argel".

Las conversaciones de Argel han constituido el más importante intento negociador habido hasta la fecha entre el Gobierno español y ETA. Tras esta experiencia de 1989, han existido numerosos contactos entre ambas partes con vistas a una posible reanudación del intento, pero ninguno de ellos se ha plasmado por ahora en nada concreto.

En este período, han sido frecuentes las declaraciones registradas en contra de una negociación entre ETA y el Gobierno, aunque también ha habido algunas interesantes favorables al proceso negociador. Por ejemplo, el 8.8.90, Baltasar Marín, jefe de la Policía Autónoma Vasca, decía: "El Gobierno español y ETA están condenados a negociar en una mesa similar a la de Argel". Y Philippe Marchand, ministro francés del Interior, aseguraba en una entrevista publicada el 21.6.91 por *El País* que "antes o después habrá negociaciones" entre el Gobierno español y ETA, ya que "resulta difícil imaginar una solución que no sea política".

El famoso escritor francés Gilles Perrault, autor de la novela *La Orquesta roja* (1967), entre otras, se dirigía a los refugiados políticos vascos en el País Vasco norte en un acto convocado en noviembre de 1991, concluyendo su intervención con estas palabras: "Lo sabéis bien, lo sabéis mejor que nadie; y cincuenta años, un siglo, varios siglos de historia están ahí para testificarlo en esa guerra cruel que os imponen: lo que determina la victoria no es nunca el número de soldados, no es el poderío financiero, no es la importancia de las alianzas... Lo que cuenta es la voluntad, es la determinación. El que gana es el que aguanta un cuarto de hora más y yo estoy seguro de que vosotros aguantaréis un cuarto de hora más...".

En unas declaraciones de ETA emitidas por la cadena alemana West-3 de televisión el 12.4.94, ya mencionadas en nuestro capítulo anterior, ante la pregunta: "¿Cuáles serían los términos, en el momento actual, en los que la organización aceptaría incorporarse a un proceso negociador como el de Argel?", la respuesta es:

"La primera condición es la seriedad. La segunda es la voluntad para superar el conflicto. Y la tercera son las garantías para llevar adelante ese proceso. Nosotros no estamos dispuestos a entrar en cualquier tipo de proceso si es en las mismas condiciones. Nosotros pedimos esto: voluntad, voluntad para abordar el conflicto político y para poner las condiciones necesarias para superarlo. Eso pedimos y necesitamos, y es eso lo que ponemos como condición".

Capítulo 5

Una historia con Historia

Los fenómenos sociales no se producen por casualidad y la protesta vasca es un fenómeno social. Tiene profundas raíces y larga historia. Presentamos aquí un breve extracto de la Historia del País Vasco, en que el lector podrá apreciar que, a lo largo de todas las épocas, se ha producido una defensa resuelta de las instituciones, leyes y costumbres vascas. Con muy diferentes variantes, ésta ha sido una constante de la Historia vasca.

Un hecho importante que precede a la formación del reino navarro es en el año 778 el paso de las tropas del emperador Carlomagno que, de vuelta a casa tras el ataque a los musulmanes de Zaragoza, destruyen las murallas de la ciudad de Pamplona. Ello da pie a que los vascos de todas las latitudes se unan para castigar al poderoso ejército agresor aniquilando su retaguardia en Roncesvalles y matando a Rolando, el lugarteniente del emperador. La Historia institucional del País Vasco empieza así con el levantamiento popular frente a una agresión, con una gigantesca acción antirrepresiva.

El poema épico *La Chanson de Roland,* primera pieza importante de la literatura francesa y equiparable al *Cantar de Mío Cid* en la española, ambas del siglo XII, atribuye falsamente a los musulmanes el ataque de Roncesvalles, lo que apunta ya otros dos rasgos que luego serán tónica en la posterior Historia oficial: el de que el País Vasco sencillamente no existe y el de que los hechos históricos serán trastocados por completo al gusto del ejército invasor de turno.

El Reino de Navarra

Cabría decir, resumiendo, que los antiguos vascos relativamente se llevan bien con los romanos, mal con los godos y, de nuevo, bien con los árabes. En las crónicas de los sucesivos reyes visigodos aparece invariablemente la anotación *domuit vascones* (venció a los vascos), bien expresiva de la constante tensión bélica entre ambas partes. La entrada de los árabes en la península ibérica en el año 711 le sorprendió al rey visigodo Rodrigo a punto de poner sitio a la ciudad de Pamplona, por lo que a los vascos les culparía de su derrota en Guadalete.

El Reino de Pamplona se forma a principios del siglo IX y pasa a denominarse Reino de Pamplona y Nájera a fines del X, para transformarse más tarde en Reino de Navarra, que habría de conservar su independencia absoluta nada menos que hasta principios del siglo XVI.

Al haber sido el de Navarra uno de los reinos cristianos primerizos de la península ibérica tras la entrada árabe, pronto pierde comparativamente su capacidad expansiva en favor de los de Aragón y Castilla, los dos nacidos, al igual que la lengua castellana, precisamente en los límites del dominio navarro de entonces. Debido a ese declinar navarro y al correlativo auge castellano, a los territorios occidentales del País Vasco, hoy provincias vascongadas, la alianza con Castilla se les va haciendo, entre los siglos XII y XIV, más tentadora que la alianza con Navarra.

La posterior unión entre Castilla y Aragón hecha por los Reyes Católicos constituye el paso previo a la conquista de Navarra en 1512 por las tropas del Duque de Alba que, bajo la inspiración del cardenal Cisneros, expulsan a los reyes navarros Catalina de Foix y Juan de Albret, apoyando moralmente su invasión en la bula papal *Pastor Illae Caelestis.* Esta bula, que no se sabe si consiguen los reyes españoles o si, simplemente, falsifican, excomulga a los reyes navarros y declara su reino "sin reyes legítimos", lo que significa su entrega al primer ocupante.

A lo largo de los siguientes 10 años que dura en total el proceso de conquista militar, se producen varios intentos independentistas navarros, el último en 1521, en el que se recuperó todo el territorio. Vencidos los comuneros de Villalar, el Ejército español centró todos sus esfuerzos en Navarra, derrotando definitivamente a los navarros y sus aliados el 30 de junio en la batalla de Noain y produciéndoles miles de muertos.

Todavía un grupo de navarros, entre ellos varios hermanos de San Francisco Javier, se haría fuerte en el castillo de Amaiur, hasta su capitulación un año después. Este castillo, símbolo de la última resistencia de los navarros, fue demolido hasta sus cimientos, al igual que otras muchas edificaciones almenadas del territorio. Dada la estratégica situación de Navarra, el ejército permanece acantonado prácticamente de forma continua los siglos siguientes.

Tres cosas cabe destacar de esta tardía incorporación de Navarra a la corona española. La primera, que se suele olvidar con frecuencia, es que los navarros fueron conquistados por los españoles más tarde que muchas de las actuales naciones de América.

Segundo, que la conquista sólo supuso, fundamentalmente, un cambio de dinastía, pues Navarra siguió conservando intacta toda su estructura foral, con sus leyes, fronteras propias, moneda y Cortes diferentes, de forma similar a las otras tres provincias del sur vasco, lo cual fue motivo de permanentes conflictos con el largo proceso de unificación español.

Por último, que la conquista de Navarra por los Reyes Católicos fue el triunfo de la Contrarreforma, de la Inquisición, frente a una Corte navarra en extremo tolerante y que fue modelo de aperturismo cultural, religioso y político durante el resto del siglo XVI en el trozo de Navarra continental no conquistada por los españoles, bajo cuyo amparo se cultivaron las letras y las ciencias y se imprimieron los primeros libros en lengua vasca.

Las Cortes de Navarra se reunieron por ultima vez en 1829, poco antes de la primera guerra carlista.

Fernando el Católico jura los fueros de Vizcaya el 30 de julio de 1476. El cuadro se pintó a principios del siglo XVII.

Asimilación francesa del País Vasco norte

Hacia 1530 los vascos del norte consiguen deshacerse de las tropas castellanas, que habían permanecido allí sólo unos pocos años tras la conquista. En 1589 es rey de Navarra Henri III, titular de la corona de toda Navarra, como sus antecesores desde la invasión, aunque únicamente rey efectivo en la parte norpirenaica del reino; pues bien, tras dejar el protestantismo y convertirse a la religión católica, es proclamado "rey de Francia y de Navarra", título que continuaría en vigor para los sucesivos reyes de Francia hasta la Revolución de 1789.

Este rey no sólo no incorpora la Baja Navarra a la corona de Francia sino que incluso la mantiene separada por completo administrativamente y en la cuestión sucesoria, reconociéndoles a los habitantes sus fueros o leyes propias, del mismo modo que los reyes españoles hacen con su propia parte de Navarra.

Cuando, por el tratado de Vervins en 1598, Henri III renuncia a la recuperación de la Navarra española por la vía violenta, cabe decir que tanto el rey de España como el de Francia pueden legítimamente titularse "rey de Navarra" al mismo tiempo, siéndolo efectivamente uno de la Navarra Alta o sur y el otro de la Navarra Baja o norte.

Los numerosos intentos franceses que hasta la fecha de la Revolución tratan de socavar la legalidad y soberanía propias del norte vasco serán rechazados con energía por la población de éste: represión "de la brujería" en Lapurdi en 1609, intentos reales de 1616 y 1620 para unificar Francia y Navarra, intento de supresión en 1632 de los Estados Generales del reino de Navarra, motín labortano en 1657 contra las imposiciones de Luis XIV, motín suletino en 1661 dirigido por Matalaz y de San Juan Pie de Puerto en 1685 en contra de sendas agresiones a los bienes comunales, recortes de soberanía en 1730 y 1776.

Con la llegada de la Revolución en 1789, los Estados Generales del Reino de Francia le invitan al Parlamento de Baja Navarra a que participe en su seno, lo que este parlamento rechaza aduciendo que "es un reino distinto". Ese mismo año, la Asamblea Nacional francesa vota la abolición de las constituciones tanto de Baja Navarra como de Lapurdi y Zuberoa, que deberán así someterse por la fuerza.

Al año siguiente, se crea el departamento de los Bajos Pirineos (desde 1971, Pirineos Atlánticos), con inclusión conjunta de los países vasco y bearnés, pese a las protestas de ambas comunidades. Se inician entonces en el País Vasco norte el cobro de impuestos para el Estado y la obligación de realizar el servicio militar fuera de la propia provincia. En 1794 las autoridades francesas deportan a las Landas a varios millares de labortanos de la zona fronteriza por negarse a combatir a sus parientes de Navarra y Guipúzcoa, muriendo la mayoría en condiciones atroces.

Tras la victoria de Napoleón, se instalan los "prefectos" departamentales, que refuerzan el centralismo francés y el arrinconamiento de la lengua vasca a través de la enseñanza obligatoria y exclusiva de la francesa así como de otras instituciones. La pobreza y subdesarrollo del País Vasco norte han sido muy agudos en estos dos últimos siglos y están en la base de la masiva emigración vasca a Burdeos, París y, sobre todo, a América.

Primera guerra carlista

Varias protestas señalan en diferentes siglos el disgusto de los vascos, esta vez de los del sur, ante cualquier intento de imposición ajena en materia fiscal o legislativa. Cabe citar como ejemplos los motines vizcaínos de origen fiscal en 1631, 1718 y 1766, estos dos últimos denominados Matxinadas, así como la llamada Zamacolada de 1804, también vizcaína, en contra del servicio militar obligatorio.

En todo momento, los vascos de los cuatro territorios aprovecharon las coyunturas políticas internacionales o los problemas internos de la Monarquía española para impedir el recorte a sus libertades forales, libertades a las que condicionaban su fidelidad a los monarcas, pero que siempre eran socavadas por éstos.

Por eso, con motivo del estallido en el Estado francés de la Guerra de la Convención en 1794, se produce el primer gran movimiento separatista en las cuatro provincias, con el acuerdo de Guipúzcoa de pasarse a Francia y las negociaciones de las otras tres provincias para garantizar su neutralidad con los franceses a cambio del respeto a sus instituciones forales.

En la Paz de Basilea de 1795, España recupera *in extremis* los territorios vascos a cambio de la cesión de la parte oriental de la isla caribeña de Santo Domingo y de la promesa de no represaliar a los vascos partidarios de pasarse a Francia, promesa que los españoles no cumplen; al revés, toman seria nota de la inseguridad de sus provincias del norte y aceleran por la fuerza el proceso de unidad constitucional, lo que da lugar a las grandes guerras posteriores.

No es éste el último amago de pasarse a los franceses si éstos garantizan las constituciones de los vascos. Vuelve a repetirse durante la Francesada en 1813, y también en 1873, 1876 y hasta en 1893, con motivo de la Gamazada, a la que aludimos más adelante. De manera que 300 años después de la conquista habrá en Navarra significativas iniciativas que levanten la bandera de hacerse francesa si sus «fueros, leyes, usos y costumbres» son tratados mejor que por los españoles.

Pero sin lugar a dudas el principal exponente en ese sentido lo constituyen las dos guerras carlistas del siglo pasado.

Entre 1833 y 1839 se desarrolla en el Estado español, pero fundamentalmente en los cuatro territorios del sur vasco, la primera guerra carlista, que aquí toma la forma de insurrección popular en defensa de la tradición y del régimen foral.

Durante siete años, los vascos organizan un Estado propio, con administraciones ágiles y un amplio respaldo popular, que sirven de base a un poderoso ejército cuya columna vertebral es –al menos en una primera fase– el voluntariado campesino de las cuatro provincias, el denominado Ejército vasco-navarro.

El Estado carlista está asentado sobre la zona liberada por su ejército, que deja fuera a las cuatro capitales del sur vasco pero que incluye en cambio a todo el territorio existente entre ellas, que es precisamente la misma "zona vascoparlante" de que hemos hablado en el capítulo 2. El ejército carlista custodia los límites de ese territorio y exige salvoconductos para cruzarlo.

Durante la primera guerra carlista, la única "zona liberada" de todo el Estado español es, pues, la zona donde se habla habitualmente la lengua vasca. Y este mismo curioso fenómeno habría de repetirse de nuevo durante la segunda guerra carlista.

Esta importantísima y repetida coincidencia de territorio rebelde con territorio de habla vasca hace pensar que, para los vascos de entonces, las guerras carlistas eran en el fondo antes que nada, una defensa de sus instituciones, leyes propias y costumbres, una defensa de su personalidad colectiva. De haber sido un simple problema dinástico o religioso, el arraigo del carlismo en el País Vasco habría sido similar, y no superior, al de otras partes del Estado español.

El Estado carlista vigente en ese territorio cuatriprovincial cuenta con su propio rey, con su Gobierno central, compuesto por varios ministros –cambiantes a lo largo de los años de guerra–, con su poder judicial y con una Administración completa. Incluso la Iglesia está oficialmente representada ante él en la persona del obispo de León, residente también en la Corte carlista.

El Ejército español sufre derrota tras derrota por parte del general carlista Zumalakarregi, líder indiscutible de la insurrección vasca, lo que obliga a España a solicitar tropas a Inglaterra, Francia y Portugal. Unos años después de la muerte de Zumalakarregi en el sitio de Bilbo en 1835, la guerra concluye en 1839, con el Abrazo de Bergara, una solución política apoyada por las potencias extranjeras, solución por la que los vascos dejarían las armas y disolverían su ejército a cambio de la conservación de sus Fueros. A pesar del final, honroso aunque forzado, miles de vascos no aceptaron el acuerdo y se exiliaron a la parte francesa de su País o a América.

Una vez los vascos dejan las armas, el Ejército español ocupa el País, del que había estado siete años desalojado y, lejos de cumplir el compromiso de conservar los Fueros, la incipiente burguesía española continúa sus intentos unificadores.

Si bien en el Abrazo de Bergara el general del Ejército gubernamental promete el mantenimiento de los Fueros, la ley promulgada ese mismo año de 1839, tras la derrota carlista, matiza que «se confirman los fueros de las Provincias Vascongadas y Navarra sin perjuicio de la unidad constitucional».

En 1841 el Gobierno, de acuerdo con sus aliados en el interior de Navarra, promulga la Ley de Modificación de Fueros, por la que el territorio pasa de ser reino a ser provincia española y por la que las fronteras del Ebro se trasladan a los Pirineos, se modifican los impuestos y se introduce el servicio militar obligatorio –las quintas–, lo que origina fuertes levantamientos en Navarra durante los ocho años siguientes.

A pesar de las presiones del Gobierno para hacer otro tanto en el resto del sur vasco, las otras tres provincias consiguen mantener la mayor parte de la estructura foral, incluidas fronteras y exención militar, durante 25 años más.

Segunda guerra carlista

Pero en los años posteriores a aquella derrota, un profundo descontento persiste en toda la parte sur del País Vasco, lo que hace que a las pocas décadas, en 1872 y hasta 1876, vuelva a producirse otra "carlistada" en las cuatro provincias vascas, donde será financiada por las respectivas diputaciones provinciales, denominadas con ese motivo "Diputaciones a Guerra", que de nuevo ponen en pie un complejo aparato administrativo y que llegan a emitir moneda y sellos de correos. Las principales sedes de aquel embrionario Estado vasco se sitúan en Estella, Bergara y Durango, estando en Oñate tanto la Universidad como el Tribunal Supremo de Justicia.

Tras la nueva derrota carlista, son abolidos casi todos los Fueros aún vigentes en las provincias vascongadas (Álava, Guipúzcoa y Vizcaya) y se extiende a ellas el servicio militar español. Es precisamente la frustación que sume al País tras la pérdida de los Fueros lo que da origen a los primeros movimientos nacionalistas, precedentes directos de los movimientos políticos y culturales actuales.

Entre las muestras de defensa popular de la soberanía vasca posteriores a las guerras carlistas, hay que citar la manifestación de 1893 en las calles de Pamplona, que reúne a 80.000 navarros en contra del intento del ministro Gamazo de asimilar el sistema fiscal navarro al del resto del Estado español. Es la primera gran movilización popular unitaria de todos los navarros, por encima de las ideologías, en defensa de los Fueros y ha pasado a la Historia bajo el nombre de Gamazada. Con ella se logra detener, al menos parcialmente, la progresiva pérdida de competencias navarras. En su recuerdo se levanta en Pamplona el Monumento a los Fueros, concluido en 1903, y asimismo se cambia el nombre de muchas plazas principales de pueblos navarros, y vascos en general, por el de Plaza de los Fueros.

Paralela a esta manifestación navarra, en las mismas fechas y con el mismo motivo, se produce otra importante movilización popular en San Sebastián en contra de la presencia del ministro

Sagasta. La canción *Gernikako arbola,* entonada repetidamente, se consagra como el himno de la defensa foral vasca.

Un año después de la Gamazada, en 1894, en otra gran concentración celebrada con el mismo motivo en la localidad navarra de Castejón, entre las banderas de Navarra apareció por primera vez un primer esbozo de la bandera vasca, enarbolada en aquella ocasión precisamente por el fundador del nacionalismo vasco, Sabino Arana Goiri. La concentración de Castejón fue, por lo tanto, simbólica de la continuidad entre el carlismo y el nacionalismo vasco.

Desde el fin de la segunda guerra carlista, la recaudación de impuestos, la administración municipal y otros restos forales en las cuatro provincias vascas meridionales es competencia de las diputaciones, hasta nuestros días en Álava y Navarra, y hasta la Guerra Civil del 36 en Vizcaya y Guipúzcoa, donde los denominados Conciertos Económicos se reinstauran en 1979 con el Estatuto autonómico hoy vigente en las provincias occidentales o vascongadas.

De familia carlista procedía Sabino Arana, fundador del nacionalismo vasco, creador de la bandera nacional y del término *Euzkadi,* definidor de la territorialidad vasca en las siete provincias, que fallecería en 1903 a los 38 años de edad.

La transición entre el fin del siglo pasado y el principio de éste conoce un vigoroso renacimiento de la defensa de las libertades vascas y esta vez también de su idioma, de la mano del Partido Nacionalista Vasco. Convocado por este partido, se celebra en 1932 en Bilbao el primer Aberri Eguna, que resulta multitudinario.

En el País Vasco norte se funda en 1902 el Euskaltzaleen Biltzarra y en 1934 la organización política Aintzina.

En 1918 se crea la Sociedad de Estudios Vascos, que daría después lugar al nacimiento de la Academia de la Lengua Vasca, con ámbito en todo el territorio de nuestro País.

La guerra civil

A mediados de junio de 1931, a los dos meses de haberse proclamado la República, se reune en Estella la Asamblea de Municipios Vascos para aprobar por amplia mayoría el proyecto de estatuto vasco denominado Estatuto de Estella, que incluye a las cuatro provincias del sur vasco. Las elecciones generales de fines de aquel mismo mes dan también la mayoría a la llamada para aquella ocasión "candidatura autonomista", formada por nacionalistas, tradicionalistas e independientes. Pero una serie de intrigas desarrolladas desde Madrid acaban por romper aquella alianza y por hacer inviable el estatuto unitario que defiende.

El 18 de julio de 1936, la gran mayoría del Ejército español, respaldado y financiado por la alta burguesía, se alza en armas contra la Segunda República Española, lo que hace poner en vigor el primer Estatuto de las provincias vascongadas, que se encontraba en situación de espera desde hacía años, pues había sido refrendado nada menos que el año 33 (el 5 de noviembre), y por cierto por un aplastante 84% de "síes" sobre el censo electoral total. (Recordemos de nuevo a título comparativo que en el Estatuto hoy vigente, refrendado el 25.10.79, el voto afirmativo únicamente alcanzaría el 53% del censo electoral, en el mismo territorio y ante la misma pregunta).

El Gobierno autónomo, a cuya cabeza está José Antonio Agirre, apoya la legalidad republicana, lo mismo que la inmensa mayoría de los ciudadanos vascos, unos por defender la causa nacional, otros por defender la causa de los trabajadores y otros por defender sencillamente las libertades republicanas. Así es como la mayor parte de la población vasca da cuerpo a numerosos batallones y focos de resistencia frente al Ejército español y sus aliados.

Navarra sin embargo fue un baluarte fundamental de los sublevados. Antes de marchar a los frentes de las provincias hermanas, Navarra tuvo que ser conquistada desde dentro, y prueba de ello son los más de 3.000 fusilados que se produjeron en un territorio que no conoció los frentes de guerra.

Ante las dificultades para su avance por Vizcaya, los sublevados solicitan a la alemana Legión Cóndor que bombardee en la primavera de 1937 las ciudades de Durango, Gernika y otras, en lo que habría de constituir el primer bombardeo aéreo de ciudades abiertas en el mundo. Preocupado por la impopularidad internacional de la masacre, el Ejército español, desde el primer momento y durante muchos años, atribuirá hipócritamente esta destrucción a las propias fuerzas republicanas.

La guerra civil, en su fase bélica, termina para el sur vasco en junio del 37, con la caída de Bilbao en manos de las tropas franquistas, que dos años después habrían de dominar el Estado español. Se prohíben los partidos y sindicatos democráticos, se suprime la competencia en materia fiscal de Vizcaya y Guipúzcoa (los Conciertos Económicos) y se implanta el interrogatorio policial mediante torturas, vigente hasta nuestros días.

La guerra habrá supuesto en el sur vasco la cifra de 50.000 muertos, 10.000 prisioneros y 150.000 exiliados, muchos de los cuales continuarían combatiendo al fascismo en el resto de Europa.

Como afirmaría José María de Areilza, entonces nuevo alcalde de Bilbao, en su famoso discurso, "Vizcaya es otra vez un trozo de España por pura y simple conquista militar".

El franquismo

Numerosos y muy reprimidos serían los actos de resistencia popular vasca frente al nuevo poder. Ya en 1947 todos los grupos democráticos convocaban a una semana de huelga general en el País Vasco, que resultaría mayoritariamente secundada en Vizcaya y Guipúzcoa. A ella le seguirían otras, asimismo exitosas, en 1951, 1953 y 1956.

Precisamente en la primera de estas tres fechas, en 1951, había de nacer en Bilbao el grupo Ekin, embrión de la futura ETA, que iba a aparecer a su vez a finales de 1958, en las mismas fechas y ambiente histórico en que se fundaba el movimiento cooperativista de Mondragón y en que surgía con ímpetu el fenómeno de creación de escuelas vascas por todo el sur del País Vasco.

El año 1963 puede por su parte ser considerado como el de la creación en el País Vasco norte del grupo Enbata, que ese año convoca en la localidad labortana de Itsasu el primer Aberri Eguna de la posguerra. En él plantan un retoño del árbol de Gernika y, en medio del acto público, es descubierto un policía del Ejército español. En el Aberri Eguna de Itsasu se da a conocer un manifiesto que queda esculpido en la piedra de un monolito. La unidad de los vascos de ambos lados de la frontera está representada en aquel acto por las personas de un hendayés y un bilbaíno que lo presiden.

Los acontecimientos más famosos de la resistencia vasca bajo el franquismo son el Proceso de Burgos en diciembre de 1970 y, tres años más tarde, el atentado de ETA contra el presidente del Gobierno español, almirante Carrero Blanco, que acabó con su vida. En 1973 nace también la organización armada Iparretarrak en el norte vasco.

En los 15 años que incluyen la década de los sesenta y los cinco de la siguiente década, hasta la muerte del "Generalísimo" en noviembre del 75, la lucha del sur vasco por un cambio nacional y social fue extraordinariamente intensa, llegándose a realizar, al final de ese período, cuatro huelgas generales políticas, seguidas por la totalidad de la población, en condiciones de muy dura clandestinidad:

– En diciembre del 70, contra el juicio de Burgos.

– El 11.12.74, por las libertades y por mejoras económicas.

– El 11.6.75, en protesta por la represión y el Estado de excepción.

– En septiembre del 75, contra las ejecuciones de dos militantes de ETA y tres del FRAP (grupo comunista armado español).

Otras seis huelgas generales políticas se producen en lo que suele denominarse la transición, es decir, en el período que transcurre desde la muerte de Franco hasta las primeras elecciones del 15 de junio de 1977:

– El 11.12.75, a los pocos días de la muerte del dictador, huelga general por la amnistía.

– El 4.3.76, contra las muertes causadas por la Policía en Vitoria a varios trabajadores en huelga.

– El 13.9.76, contra la muerte de un manifestante en Fuenterrabia por disparos policiales.

– El 27.9.76, por la amnistía.

– El 10.3.77, contra las muertes en Itxaso (Guipúzcoa) de dos militantes de ETA.

– El 13.5.77, por la amnistía.

La Historia del País Vasco es una continua protesta contra las imposiciones, una inagotable defensa de la propia personalidad y de la democratización de la vida pública.

Capítulo 6

Democracia con tortura

Las denuncias por torturas son cerca de cien cada año. Y además están las que no se denuncian, por el miedo del torturado a volver a pasar la terrible experiencia. Pero vamos a iniciar el tema reproduciendo textualmente un único caso concreto –no más, por no alargarnos–, con el fin de dar a conocer la forma en que se suelen desarrollar estas terroríficas sesiones policiales.

El detenido en este caso era un refugiado vasco entregado a la Policía española por la francesa sin proceso de extradición ni intervención judicial alguna, con las consecuencias que podemos ver.

Joxe Domingo Aizpurua, entregado por Francia

El 2 de junio de 1994 Joxe Domingo Aizpurua terminaba de cumplir su condena de cuatro años de cárcel en el Estado francés con una estancia efectiva de tres años. En el momento de quedar en libertad en la prisión de Fleury Merogis, la Policía francesa le detuvo de nuevo –aún en el interior de la prisión, en contra de lo establecido por la ley– para entregarlo a última hora de ese mismo día a la Guardia Civil en Irun.

El siguiente relato, escrito por el propio Joxe Domingo, recoge las tremendas torturas sufridas a manos de la Guardia Civil desde el instante mismo en que a las nueve menos cuarto de la noche de aquel día, inolvidable en su vida, le introdujeron en el furgón policial en la ciudad fronteriza de Irun. Las torturas duraron varios días, entre San Sebastián y Madrid, y permaneció incomunicado un total de 14, incluyendo los días de posterior incomunicación carcelaria.

Tras pasar por la Audiencia Nacional sin haber podido durante su incomunicación designar un abogado de su confianza, fue puesto en libertad provisional sin fianza y volvió a su localidad natal de Usurbil (Guipúzcoa), donde recibió el caluroso recibimiento de su pueblo en una multitudinaria concentración festiva.

Cabe pensar que las autoridades francesas son conscientes de que entregar un detenido al Estado español es radicalmente diferente, por el tema de la tortura, que entregárselo a Suecia o a Italia. En cualquier caso, lo sucedido con Aizpurua, al igual que con las entregas anteriores de Policía a Policía, constituye una verdadera ignominia para las tradiciones republicanas francesas. He aquí el relato del propio detenido:

"Introducido en la misma frontera en un vehículo camuflado y acompañado por tres guardias civiles con vestimenta de paisano, inmediatamente me hicieron tumbarme en la parte trasera del vehículo y, con la cabeza tapada en todo momento por un jersey, comenzaron a golpearme por todo el cuerpo, en la cabeza, cara, vientre, testículos... acompañándolo con una serie de insultos y amenazas".

"Así fui trasladado hasta las dependencias de la Guardia Civil en San Sebastián, donde, nada más llegar, me pusieron en los ojos una especie de venda o antifaz con el que permanecí durante todo el tiempo de mi detención, tanto en San Sebastián como en Madrid. Sólo me despojaban de él ante la visita del médico forense o para la toma de declaración ante el abogado de oficio".

"A la llegada al cuartel de San Sebastián fui reconocido por un supuesto médico forense, que en ningún momento se presentó claramente como tal. Inmediatamente después del reconocimiento, y siempre con los ojos vendados, empezó el largo interrogatorio y las salvajes torturas, que duraron la noche entera sin cesar ni un solo momento, hasta aproximadamente las siete de la mañana del viernes tres de junio".

"El inicio de las torturas fue como una especie de acto ritual. Estando yo con los ojos vendados y en medio del más absoluto silencio, éste se rompió de repente con gritos, insultos y amenazas, con dos voces más apagadas que me hablaban a los oídos y con ruidos de pasos militares a mi alrededor".

"Acto seguido, me pusieron una especie de vendaje en las muñecas y comenzaron a introducirme una bolsa de plástico en la cabeza, lo que, como se sabe, produce la asfixia inmediata. Cada vez que me introducían la bolsa, uno de los torturadores me agarraba suavemente de las muñecas como si se tratara de tomarme el pulso y les daba a los demás las órdenes de cuándo quitarme la bolsa. Tres segundos después me la volvían a introducir. Y así sucesivamente se repetía la operación infinidad de veces".

"La alternancia de los métodos de tortura consistía en la bolsa, los electrodos y los golpes por todo el cuerpo. La bolsa me la ponían en series de cinco a diez veces y, tras cada serie, me aplica-

El refugiado vasco Joxe Domingo Aizpurua, entregado por el Estado francés a la Guardia Civil, que le torturaría salvajemente, al quedar libre es recibido en una gran acogida festiva en su pueblo natal de Usurbil.

ban los electrodos. Éstos los ponían por todo el cuerpo, como las puntas de los pies, muslos, piernas, testículos y pene (aquí muy especialmente), boca, manos, pecho...".

"También me ofrecían un vaso de agua y, cuando tenía en mis manos el vaso, me aplicaban de nuevo los electrodos en la mano y, al derramarse el agua, ello producía una descarga mayor todavía".

"Después de los gritos de dolor que yo lanzaba por la aplicación de los electrodos, venían inmediatamente los golpes por todo el cuerpo. En la cara y en el pecho me pegaban con las palmas de la mano para no dejarme huellas, mientras que en el vientre y en los testículos lo hacían con el puño cerrado. Luego, me daban multitud de golpes seguidos en la cabeza con una especie de libro, lo que me producía un efecto como de que la cabeza se me hubiese hinchado".

"En infinidad de ocasiones, para humillarme y lanzarme todo tipo de insultos, me desnudaban de todas las ropas, lo cual me producía un pánico tremendo, pensando que me aplicarían los electrodos directamente sobre la piel; pero en ningún momento fue así, sino que siempre me los pusieron sobre la ropa".

"Toda esta serie de torturas que he mencionado se producían incesantemente, alternando unas con otras, sesiones de bolsa, sesiones de electrodos, sesiones de golpes, que me daban haciendo una rueda entre los torturadores que había a mi alrededor y lanzándome de un lado para otro, siendo golpeado por todos ellos".

"Desde el principio, me amenazaron con que, si denunciaba las torturas ante el juez o ante el diario *Egin*, mi madre sería detenida y encarcelada".

"Un poco antes de ser trasladado de San Sebastián a Madrid, me introdujeron en una celda oscura, donde me despojaron del antifaz, aunque yo permanecía a oscuras. Me obligaban a estar de pie contra la pared, pero tuve un desmayo (durante las torturas había tenido varios), de tanto que había sufrido durante toda la noche, y quedé tendido en el suelo de la celda, con eso que se suele llamar el 'efecto discoteca': veía en el techo y paredes como pequeños círculos de sombras que se movían y sólo escuchaba los llantos de dolor que salían de mí mismo".

"Al poco tiempo, de nuevo un grupo de torturadores, no sé precisar cuántos, se introdujeron en la celda y, otra vez, tapándome la cara con una manta, entre insultos y amenazas, me volvieron a 'interrogar' en la misma celda, permaneciendo yo tirado en el suelo. Pocos instantes después, me hicieron levantarme para ser trasladado a Madrid".

"Desde la celda hasta la puerta principal de salida me llevaron con los ojos vendados y, a la salida de la puerta principal, me quitaron la venda y es entonces cuando pude distinguir que estaba en el cuartel de la Guardia Civil del barrio del Antiguo de San Sebastián. Por la claridad del día y por el poco tráfico que había, supuse que podían ser aproximadamente las siete de la mañana".

"Durante toda aquella larga noche no me habían dado ni de cenar ni de nada. Y al salir a la mañana siguiente tampoco fui reconocido por el supuesto médico forense antes mencionado".

"Introducido en un furgón de la Guardia Civil, me trasladaron hasta Madrid. Nada más iniciar el viaje desde San Sebastián, pusieron la música a todo volumen, sin parar durante todo el trayecto. El furgón se dividía en varios compartimentos, lo que impedía la visualización; en el mío, había un altavoz de música. Y así, en posición fetal, notando continuos escalofríos, abatido y destrozado por la larga noche de torturas sufridas sobre mi cuerpo, me trasladaron hasta Madrid".

"Ya en las dependencias de la Guardia Civil de Madrid, me dejaron durante largo tiempo, unas dos horas, en el interior del furgón a pleno sol. Luego me sacaron, me taparon la cabeza con un jersey y me condujeron a rastras hasta los calabozos, mientras me golpeaban con pies y manos por todo el cuerpo. También aquí, en el calabozo, permanecí en todo momento a oscuras y, cuando me sacaban para los 'interrogatorios', lo hacían siempre vendándome los ojos".

"En el tiempo que estuve en Madrid, perdí por completo la noción del tiempo. Las sesiones de interrogatorios fueron allí muchísimas, pero no puedo precisar cuántas ni cuándo se producían. No me dejaban descansar durante mucho tiempo y, así, una y otra vez me sacaban del calabozo con frecuencia para, en algún lugar, en alguna sala, volver a ser constantemente interrogado".

"En los interrogatorios de Madrid también continuaron los golpes y amenazas en todo momento, aunque allí no me aplicaron la bolsa ni los electrodos".

"En Madrid fui examinado varias veces por la médico forense, aunque no sé cuántas ni con qué frecuencia. Cuando le pregunté que cuándo iba a volver de nuevo, no me contestaba nada concreto, de lo que yo deducía el control que ejercen los torturadores para disponer del tiempo a su antojo. Cuando la médico forense me preguntaba si había vuelto a comer después de la anterior visita, yo no lo recordaba. Las nociones del tiempo y las referencias no las controlaba en absoluto".

"Me amenazaban constantemente con ser otra vez torturado si le declaraba a la forense que lo había sido. Debido a este temor y al de que hubiese instalados micrófonos por todas partes, yo en ningún momento le declaré a la forense las torturas sufridas".

"Lo mismo pasaba cuando venía el abogado de oficio a tomar la declaración oficial. Siempre me amenazaban con las torturas en caso de que rectificase ante él lo que me habían obligado a afirmar bajo torturas. Una vez cumplido el requisito de declarar ante el abogado de oficio, de nuevo, hasta la siguiente toma de declaración, continuaban los frecuentes interrogatorios y torturas".

"En la primera toma de declaración ante el abogado de oficio, me hicieron un simulacro, es decir, que era un falso abogado, en realidad un miembro de la Guardia Civil, para controlar mi comportamiento. Me parece evidente, porque en ningún momento presentó su identificación y porque, a la tercera o cuarta pregunta, fingió enfermarse y suspendieron la 'toma de declaración".

"Los únicos momentos en que yo permanecía sin el vendaje de los ojos era, como he dicho anteriormente, durante estas tomas de declaración y ante la forense".

"Respecto al comportamiento de la forense, he de precisar que ninguna de las veces que me reconoció en comisaría me hizo desnudarme del todo, sino que me hacía quedarme con el *slip,* pero curiosamente, a los cinco días de ser ingresado en la cárcel de Carabanchel, la misma forense se presentó a hacerme un último reconocimiento por orden del juez, y entonces sí me hizo desnudarme completamente y pudo ver las fuertes señales que tenía en el vientre y los testículos".

"Sobre las declaraciones ante el abogado de oficio, una vez que concluían y el abogado había salido, los policías me amenazaban con el recuerdo de Gurutze Yanci, que la Guardia Civil torturó hasta la muerte hacía poco".

Actualidad de la tortura

Antes del acceso del Partido Socialista al Gobierno en octubre de 1982, parece claro que sus dirigentes eran contrarios a la tortura como medio de interrogatorio policial.

En febrero de 1981 se había conocido el caso límite de un militante vasco que había de morir por efecto de la tortura sufrida en la Dirección General de Seguridad, es decir, en la misma central de la Policía que se había hecho famosa en tiempos de Franco precisamente por sus numerosos y terribles casos de tortura. Esta Dirección General se encuentra en plena Puerta del Sol madrileña, justo debajo del reloj que señala la hora oficial y al lado del kilómetro cero de la red de carreteras.

El militante masacrado había sido el joven guipuzcoano Joseba Arregi, detenido el 4 de febrero de 1981, y que nueve días más tarde aparecería en el hospital penitenciario de Carabanchel, para morir a las pocas horas como consecuencia de la torturas recibidas por parte de varias decenas de policías.

La tremenda noticia produjo tal indignación popular que el día 16 de aquel mes ocasionó nada menos que una huelga general en las cuatro provincias del sur vasco y enormes manifestaciones populares.

Con aquel motivo, importantes dirigentes del PSOE harían declaraciones tajantes contrarias a la tortura. José María Benegas, Secretario de Organización de dicho partido, afirmaría en el periódico *El País* del 14.2.81:

"La muerte de Joseba Arregi Izaguirre a causa de las torturas sufridas durante su detención merece nuestra más absoluta repulsa y condena. Este hecho flagrante supone una transgresión de los derechos humanos más elementales y es intolerable en una democracia y en todo Estado de Derecho".

Al día siguiente, el mismo periódico reproducía las siguientes palabras de Enrique Múgica, que años más tarde había de ser a su vez ministro de Justicia en un Gobierno socialista:

"El asesinato despiadado de Joseba Arregi mediante tortura, cometido por funcionarios del Cuerpo Superior de Policía, ha de ser drásticamente castigado. Incurren también en responsabilidad mandos de los Cuerpos de Seguridad que, sin ser causantes del crimen, animan a que hábitos, costumbres e ideas fascistas persistan en algunos de sus miembros. Solamente erradicando estos mandos podremos consolidar las libertades y el espíritu democrático de quienes deben defenderlo".

Pero cuando los socialistas accedieron al Gobierno español en octubre del 82 parece ser que abandonaron sus prevenciones hacia estos "hábitos fascistas".

A los pocos días de la victoria electoral que les llevaría al Gobierno de Madrid, mientras en el País Vasco se cruzaban apuestas sobre si el Partido Socialista mantendría o no la tortura policial, un conocido abogado de San Sebastián tuvo ocasión de conversar sobre este tema con el recién nombrado gobernador civil de la provincia.

Como éste se mostraba verbalmente contrario a la práctica de la tortura, el abogado quiso establecer algún cauce para combatirla o, al menos, para detectarla y, al final de otra serie de proposiciones concretas que fueron rechazadas, le hizo al gobernador la siguiente propuesta: "Limitémonos a algo muy sencillo. Simplemente, cuando oigas que un detenido está siendo torturado por la Policía en los sótanos del Gobierno Civil, tú te limitas a bajar al sótano y ver al detenido, sin más compromiso por tu parte". Tras un titubeo, el gobernador prefirió declinar también este compromiso... con lo que evidentemente daba a entender que iba a haber torturas y que él las aceptaba de antemano.

Anécdotas aparte, desgraciadamente así ha sido, tal como han demostrado reiteradamente los hechos, pese a las teorizaciones oficiales en contrario. En efecto, a muy pocos meses del acceso del PSOE al Gobierno español, los nuevos gobernadores civiles en el sur vasco se pronunciaban en contra de la tortura:

"Con mi presencia en el cargo quiero garantizar con fuerza que no existirá la tortura, aunque sea mucho afirmar", diría Julián San Cristóbal, el nuevo gobernador de Vizcaya en su toma de posesión de enero del 83. En la misma fecha y con el mismo motivo de su toma de posesión del cargo, el nuevo delegado de Gobierno en Navarra Luis Roldán (que habría de huir del Estado español en 1994 ante la acusación de corrupción económica) afirmaría por su parte: "La tortura no cabe en nuestro ordenamiento constitucional y la vamos a perseguir".

Sin embargo y precisamente en esta provincia navarra saltaría aquel mismo año la espeluznante noticia de las torturas sufridas por la joven detenida Mertxe González, que ella misma relataba tras su detención en octubre de 1983:

"Lo peor de todo fue cuando me desnudaron, me hicieron el quirófano, me retorcieron las tetas, me metieron un palo de escoba por la vagina, me hicieron cambiarme el támpax delante de ellos y el sucio me lo metieron en la boca; luego me siguieron pegando, me sobaron y me llevaron otra vez a la celda. Luego me amenazaron con llevarme al monte y pegarme un tiro".

Hasta tal punto la noticia conmocionó a la opinión pública que el Ayuntamiento de Pamplona, con los votos a favor del PSOE, UPN (conservador), PNV y HB y con la abstención del PP (también conservador), condenaba tajantemente "la tortura que se da en el Estado español" y se solidarizaba con la joven pamplonesa Mertxe González "en tanto que persona torturada, violada y agredida con un sadismo sencillamente insólito, según sus propias declaraciones".

Pero el delegado del Gobierno en Navarra, el mismo Roldán que había hecho tan claras declaraciones contra la tortura en su toma de posesión, no sólo no apoyó al Ayuntamiento de Pamplona en su denuncia sino que remitió al fiscal el acuerdo de dicho organismo "por si fuera constitutivo de delito"; el acuerdo, no la tortura.

La condena de las torturas policiales era general en aquella época, al menos de manera teórica. El consejero de Interior del Gobierno de Vitoria, Luis María Retolaza, había declarado por su parte el 11.3.82: "El Gobierno Vasco sabe que en las comisarías se tortura, pero no tenemos ninguna competencia en esta materia".

Otro caso de torturas que alcanzó una gran resonancia fue el del también navarro Mikel Zabalza, detenido por la Guardia Civil en noviembre de 1985; su cadáver esposado apareció boca abajo 20 días más tarde en aguas del río Bidasoa. Tan fuerte fue la repercusión de la terrible noticia en la opinión pública que el 18 de diciembre se hizo una huelga general, seguida unánimemente en las cuatro provincias del sur vasco.

Fue de destacar en ella el hecho de que se realizase antes de conocerse la versión oficial de los hechos, lo que mostraba así contundentemente el completo desinterés y desconfianza que siente la opinión pública vasca por las versiones oficiales en este tipo de casos. Cuando se conoció el relato de las horribles torturas sufridas por los demás jóvenes que habían sido detenidos junto con el fallecido, las peores sospechas quedaron confirmadas.

Igualmente es de reseñar el caso de dos deportados vascos en Ecuador que, en enero de 1986, sufrieron las más atroces torturas por parte de varios policías españoles que se habían desplazado a aquel país, habían recogido a los prisioneros de manos de las autoridades ecuatorianas y les habían trasladado a una zona despoblada, donde les torturaron salvajemente a fin de interrogarles. Sus torturas incluían largas sesiones de ahogamiento y de electrodos.

No puede faltar en esta breve relación de casos famosos de tortura el del vizcaíno Andoni Murelaga, detenido y fuertemente torturado en abril de 1990 por la Policía autónoma. Al ser el primer caso conocido de torturas por este nuevo cuerpo policial, producto de la Constitución y del Estatuto autonómico y ajeno en su historia a los cuerpos policiales franquistas, la noticia produjo en la opinión un estremecimiento y una tristeza mayores de lo habitual en estas ocasiones.

La detención del joven vizcaíno había merecido una insólita felicitación del ministro español del Interior y a los pocos días de ésta los dos titulares de Interior, de Madrid y Vitoria, llegaban a un acuerdo para el despliegue de la Policía autónoma. Andoni Murelaga apareció ante el juez con los brazos del todo amoratados y la mandíbula muy inflamada; tenía los testículos completamente enrojecidos y manifestó dificultades para orinar, porque constantemente le habían tirado de ellos, según explicó. Pero los torturadores de este caso serían absueltos por falta de pruebas.

Como cabe también señalar la muerte de dos detenidos vascos bajo torturas en comisaría en septiembre de 1993. Se trataba de la ya mencionada Gurutze Yanci, a manos de la Guadia Civil en Madrid, y del joven Xabier Kalparsoro en una comisaría de Vizcaya.

Pero todos éstos son casos que citamos precisamente por lo que tienen de insólito, por haber hecho en su momento un especial impacto en la opinión pública. En realidad no dan cuenta ni remotamente de lo que es el fenómeno de la tortura en el País

Vasco, que se explica, al revés, por los cientos de casos corrientes, que no tienen nada de particular y que se producen a diario en las dependencias policiales.

Las torturas suelen incluir, según los casos, golpes, especialmente en cabeza y cuello, extenuación física, asfixia mediante bolsas en la cabeza, inmersión de la cabeza en agua hasta el filo del ahogamiento, electrodos por todo el cuerpo y muy en especial en las partes sexuales, agresión sexual física o sicológica, amenazas, simulacros de ejecución o la imposición de oír o ver torturas infligidas a otras personas.

He aquí cómo explicaba el efecto de los electrodos –muy utilizados tanto por la Policía como por la Guardia Civil– un torturado con ellos en una rueda de prensa entre llantos y sollozos:

"Yo no había experimentado nunca los electrodos. Es como si se te desgarrara todo el cuerpo; te lo levanta; te arranca las entrañas. Es como una plancha que te quema, como una espátula que te arranca la carne como a un pingo".

Tan sólo en el año 1993 ochenta y cuatro detenidos del sur vasco denunciaron ante el juez haber sido torturados en dependencias policiales. En 1992 se habían contabilizado 118 denuncias y en 1991, 64. Entre 1982, año de la victoria electoral del PSOE, y 1990, las denuncias registradas habían sido 484.

Pero hay que subrayar además que es tal el grado de terror en que sale el detenido de semejante experiencia que en muchísimos casos prefiere no denunciar ante el juez el haber sido torturado, o no se atreve a hacerlo, por miedo a volver a serlo de nuevo. El número de casos conocidos de tortura es siempre, por este motivo, inferior a los casos reales.

El presidente Felipe González, los sucesivos ministros del Interior y otras autoridades, cuando en sus comparecencias públicas se les pregunta por casos de tortura, tienen la cómoda costumbre de escapar con la siguiente respuesta: "Las torturas no se producen; lo único que pasa es que los detenidos de ETA tienen consigna de denunciar torturas sistemáticamente".

Sin embargo, las autoridades de todo tipo (tanto del Estado español como del francés) saben perfectamente que la práctica de la tortura es algo habitual en las comisarías y los cuartelillos españoles, lo mismo que lo sabe la opinión pública vasca, por conocimiento directo. Hay que reconocer en cambio que el fenómeno es absolutamente desconocido para la opinión pública española, que mayoritariamente no puede siquiera imaginar ni sus rasgos espeluznantes ni su carácter cotidiano.

En realidad, no es que los militantes tengan consigna de inventar torturas inexistentes y, en consecuencia, se denuncien más casos de los que se producen. La verdad es lo contrario. Debido al terror a volver a manos de la Policía para volver a ser torturados, como hemos dicho más arriba, son muchos más los casos de tortura que se producen que los que se denuncian.

De hecho, incluso los policías torturadores suelen despedir habitualmente al interrogado advirtiéndole que no se le ocurra contar nada de lo sucedido si no quiere volver a repetir la experiencia. Pero esta advertencia no es lo más decisivo para silenciar al detenido; lo más decisivo es el indescriptible horror que éste lleva dentro del cuerpo después de los interrogatorios.

Las autoridades, cuando se ven apremiadas ante algún caso demasiado evidente y escandaloso de torturas, suelen decir que puede darse algún caso aislado, pero que la tortura no existe y que son los militantes los que la denuncian sistemáticamente. La realidad es por desgracia justamente la contraria: la tortura es sistemática ("se nos tortura por rutina", decía gráficamente un detenido) y, aunque puede darse algún caso aislado de falsa denuncia, las denuncias responden a la triste realidad.

Para la Policía, tan importante como torturar es hacerlo sin dejar huellas. Esta segunda es la parte difícil del oficio de torturador. Producir mucho dolor en un cuerpo es fácil, sobre todo si se está bien protegido durante la sesión contra las intromisiones ajenas, contra los previsibles gritos del torturado, etc. Lo difícil es hacerlo sin dejar huellas visibles en ese cuerpo, porque esto limita el número de procedimientos de tortura y la forma de aplicarlos.

No tendría sentido que la tortura fuese comprobable, ya que quedaría inmediatamente autodestruida como procedimiento de interrogatorio. La sociedad moderna no toleraría la comprobación habitual, testificable, del uso de torturas.

Por eso decimos que tan importante para la Policía es torturar, para avanzar en su interrogatorio y para aterrorizar, como ocultar el método y hacerlo imposible de probar. Se ocultarán en las diligencias escritas los nombres de los torturadores, éstos se encapucharán para no poder ser reconocidos, o encapucharán al detenido... La tortura sólo tiene sentido cuando es imposible de ser probada, como muy bien saben las autoridades.

Por ello, la protección al torturador es muy importante. El torturador, aquél a quien se encomienda esa innoble y degradante tarea, tiene que sentirse muy seguro de que su jefe no le hará encarcelar precisamente por cumplir con su deber. Un complemento necesario es siempre el silencio de la clase política como tal y la pasividad de la Audiencia Nacional que juzga a los detenidos acusados de pertenencia a ETA, ante la cual se presentan algunos visiblemente destrozados por la tortura, o que incluso tienen que ser conducidos directamente al hospital.

En los cuerpos policiales heredados del franquismo, el trato al ciudadano sigue una pauta autoritaria y son frecuentes los insultos o los golpes por parte de policías normales. Sin embargo, lo que se puede designar como tortura –el uso de los electrodos sobre el detenido, por poner un ejemplo– no es una práctica al alcance de cualquier policía corriente sino que queda reservada a un número reducido de policías de élite, especializados en cada cuerpo policial. Ello es otra garantía no sólo de especialización (rapidez y eficacia para producir dolor y sin excesos que resultarían denunciadores) sino también de estanqueidad de la tarea. Los policías corrientes se limitarán a colaborar en esta práctica con su silencio e incluso negándola, pero no ejerciéndola personalmente.

La tortura se estableció como práctica habitual en los cuerpos policiales españoles a partir del "alzamiento" de Franco el 18 de julio de 1936. Su empleo varía ligeramente con las épocas y las situaciones, pero en todo caso es muy intenso de cara a los militantes vascos.

La tortura policial franquista llegó a hacerse tan famosa que la Constitución española tiene un artículo prohibiendo esta costumbre policial, cosa que no sucede en las Constituciones europeas. Su artículo 15 dice, en efecto: "Todos tienen derecho a la vida y a la integridad física y moral, sin que, en ningún caso, puedan ser sometidos a tortura ni a penas o tratos inhumanos o degradantes". Evidentemente este artículo de la Constitución no está vigente en la práctica.

La sociedad moderna es contraria a la tortura y los ciudadanos en su inmensa mayoría reprueban esta práctica. Esto no sucedía en siglos pasados, en que se encontraba reconocida públicamente tanto en los usos como en los reglamentos. Pero ha dejado de ser un tema socialmente discutido. Hoy existen opiniones favorables a la pena de muerte y opiniones contrarias a ella; como existen opiniones favorables y contrarias a la eutanasia o al reconocimiento de las parejas homosexuales. Éstos son temas en discusión social, sobre los que existen posturas encontradas. La tortura dejó de pertenecer a este grupo de temas discutidos, porque la cuestión quedó zanjada en su contra.

La supresión práctica de esta vergonzante costumbre policial exige previamente su reconocimiento público. El alcohólico sólo puede curar su mal cuando empieza por reconocer públicamente que lo padece. Del mismo modo, la tortura no desaparecerá mientras se oculte su existencia y para ello es fundamental que la voz del torturado llegue directamente a la ciudadanía.

Por eso, las autoridades españolas, que nunca han renunciado a este procedimiento de interrogatorio policial ni es verosímil que lo hagan hasta dar una solución democrática al contencioso vasco, se esfuerzan en ocultarla, en negarla, y ponen especial cuidado en que la voz del torturado resulte apagada. Al mismo tiempo, tratarán de hacerla selectiva y no extensiva, de ceñirla a los casos en que su rentabilidad sea mayor.

La frecuencia de la tortura ha sido tan alta desde el franquismo que, después de casi sesenta años desde el inicio de éste, cabe decir que todas las familias del País Vasco sur han tenido torturado algún miembro, algún vecino o algún conocido. El impacto social de la tortura, como fenómeno colectivo, es muy elevado y puede ser comparado en sus consecuencias sicológicas al impacto social de una guerra civil. Esto era justamente la explicación de la consigna popular "que se vayan", referida a la Policía española, consigna que tanto auge alcanzó en el sur vasco durante los años de la transición política.

La ocultación del fenómeno de la tortura es un "tema de Estado", un tema preferencial de las autoridades españolas, que desplegarán grandes esfuerzos para proteger la impunidad de los torturadores.

Con todo, el conocimiento público ya existente de esta práctica policial –como decimos, conocimiento muy alto entre la población vasca y muy bajo entre la española– le quita al Gobierno español autoridad moral. El Gobierno podrá así cumplir su función represiva pese a la hipoteca que supone el conocimiento público de este comportamiento policial. Lo que en cambio le resultará muy difícil en esas condiciones es cumplir su otra función, la función dirigente, la conducción moral de la sociedad.

No hay, sin embargo, que situar la existencia de la tortura en un parámetro simplemente moral, donde sin duda también se encuentra. La tortura es una necesidad imperiosa, ineludible, para las autoridades españolas en la medida en que se niegan a reconocer el derecho vasco a la soberanía. La tortura es eficaz en los interrogatorios porque produce resultados. Como dicen los propios policías en los interrogatorios, aunque en términos siempre más soeces, "si no os pegamos, no nos dais nombres".

El movimiento contestatario vasco –sus manifestaciones públicas, pero en particular sus acciones armadas– sería muy difícil de combatir sin el empleo de la tortura. Las autoridades españolas no torturan porque sean perversas sino por no ser democráticas; para poder así negar eficazmente la soberanía vasca.

No es difícil poder vencer a un grupo armado sin necesidad de utilizar un resorte policial tan poco presentable como la tortura. Pero para ello es necesario que ese grupo armado esté aislado de la población, carezca de una base política y popular. Cuando cuenta con estas bases, el grupo se multiplica y se reproduce, haciéndose necesaria la tortura para sacar nombres.

Desde los parámetros morales del siglo XX europeo, la tortura es siempre condenable; en cualquier lugar y situación. Pero si el Gobierno desea aplastar por la fuerza las razones de la oposición política armada, sin tratarlas políticamente, si desea imponer físicamente su propio punto de vista, se verá obligado a utilizar la tortura. Es una exigencia de su autoimpuesta política represiva. De ese modo, un comportamiento antidemocrático –negar la autodeterminación vasca, en este caso– obliga a un segundo comportamiento antidemocrático –utilizar la tortura–.

Los organismos internacionales

La intervención en el tema de la tortura de algunos organismos internacionales no sirve para erradicar este instrumento policial, ya que, como hemos dicho, sin una democratización de la posición gubernamental española ante el tema vasco, la tortura continuará en vigor. Sin embargo, esa intervención es muy valiosa como denuncia pública de una realidad que, de otro modo, quedaría oculta a los ojos de los países europeos.

Para la población vasca, la tortura no necesita ser demostrada porque la conoce directamente a través de personas próximas dignas de todo crédito, a través, pues, de la propia experiencia. Los informes de Amnesty International u otros no le son en absoluto necesarios. Es más, para la población vasca estos informes recogen siempre un número demasiado reducido de casos.

Pero como el presente trabajo está destinado a lectores europeos, que tienen todo el derecho a dudar de testimonios de torturas demasiado interesados, lejanos e indirectos, conviene mencionar los informes internacionales sobre la tortura en el Estado español.

La Comisión de Derechos Humanos de las *Naciones Unidas*, en su informe especial sobre los años 1992 y 1993, denuncia ocho casos concretos de torturas a detenidos y presos en el Estado español, en los cuales están implicados numerosos policías y funcionarios que no han sido expedientados. Tomamos de dicho informe la narración de uno de los ocho casos, el del vizcaíno Kepa Urra, detenido en enero del 92, que se recoge textualmente así:

"Nada más detenerme, me llevaron al monte y, en el camino, empezaron a retorcerme los testículos y a darme golpes por todo el cuerpo. Las amenazas eran continuas. Nada más llegar al monte, me despojaron del calzoncillo, la camiseta, las zapatillas y el reloj, empezando la macabra danza enmascarada: golpes con la mano a la altura del oído, golpes por todo el cuerpo, sobre todo en la cabeza y en los testículos...".

"Me pusieron el cañón de una pistola en la cabeza, la amartillaron y dispararon. Golpes por todo el cuerpo con una porra acolchada, golpes de kárate en el cuello y el estómago... Con dos dedos, el pulgar y el índice, me apretaban la tráquea hasta asfixiarme. En el cuartel de la Guardia Civil de la Salve en Bilbao, se reprodujo lo mismo: primero golpes y después la bolsa hasta que se cansaron. Cuando empezaron con la bolsa, me pusieron un mono azul...".

"En la celda, me dejaron tirado en el suelo. De vez en cuando, entraban y me daban patadas en los riñones... En una de éstas, me cogieron entre dos y me llevaron ante quien decían que era el médico forense. Éste me miró el pulso y comentó que yo tenía algo de arritmia".

"En el Hospital de Basurto estuve mejor, pero también allí hubo torturas. Dos veces entraron en mi habitación –dato que avaló después una enfermera– y tuve que pedir socorro".

"Urra –añade el informe– ingresó en el hospital con una crisis de pánico, según informó el servicio de urgencias. En los informes forenses se apreciaron múltiples lesiones de tipo contusivo con inflamación y hematomas de coloración rojo-violácea, además de erosiones varias, heridas en el párpado derecho, hematoma negruzco en el abdomen y dos lesiones en el cuello".

El informe lo presentó el laborista británico Nigel Rodley, que fue quien actuó como relator especial de la ONU para investigar posibles casos de torturas en el Estado español. Al terminar su trabajo, se dirigió al Gobierno español pidiéndole su versión. Éste le respondió el 13 de diciembre de 1993, señalando que los detenidos siempre cuentan con asistencia legal y médica y que "los terroristas de ETA denuncian habitualmente torturas como una estrategia para minar la reputación de las fuerzas de seguridad".

Con respecto al caso concreto de Urra, la respuesta española, que recoge también el propio documento, atribuye el horroroso estado en que se encontraba Kepa Urra al llegar al Hospital de Basurto a las heridas que sufrió durante su detención, "al haberse resistido a ella".

El relator de la ONU consigna que la incomunicación, hasta durante cinco días, a la que se somete a los detenidos, puede facilitar la práctica de la tortura, según le han notificado diversas personalidades consultadas. Se queja sobre todo de que los agentes condenados por torturas no han sido apartados del servicio activo, que incluso algunos han sido indultados y que, cuando se inician investigaciones sobre torturas, el proceso se prolonga durante años.

La Convención contra la tortura y otros tratos o penas crueles, inhumanos o degradantes se creó en Nueva York el 10.12.84 y la ratificó el Estado español el 19.10.87. De ella depende el Comité contra la Tortura, integrado por 10 expertos de los Estados firmantes.

Ya antes de su citado informe sobre los años 92 y 93, otro informe anterior, elaborado por el relator especial Peter Kooijmans, recoge los testimonios de torturas de cerca de una veintena de vascos detenidos en enero y febrero de 1992. Dominan entre ellas la aplicación de electrodos, de bolsas asfixiantes y de vejaciones sexuales, éstas más frecuentes en el caso de las mujeres, a quienes también se aplicaban los otros procedimientos.

También en el *Parlamento Europeo* se confeccionan informes con vistas al respeto de los derechos humanos de los ciudadanos europeos. En 1993 se presentó el preparado por el ponente De Gucht, donde se aludía a diversos casos de torturas de la Policía española.

En 1994 se dio a conocer el llamado *Informe Newman,* en el que actuó como redactor el británico Edward Newman. Para este informe, "la única manera de garantizar la inexistencia de la tortura es considerar los malos tratos como un delito muy grave, no permitiendo que sus autores disfruten de ningún tipo de impunidad". Añade además:

"El Comité contra la Tortura que se creó en el marco de la Convención de Naciones Unidas recibe informes periódicos de los Estados firmantes de dicha Convención. En abril de 1993 este Comité expresó su preocupación por el aumento de los casos de tortura y por la demora en la investigación de estos casos. Consideró que España debería adoptar medidas para garantizar la aplicación de la Convención".

También advierte que "los Estados como el español, que han suscrito la Convención, están obligados a investigar los casos de tortura y a actuar judicialmente contra los responsables de los mismos. Sin embargo, a menudo las investigaciones se realizan muy lentamente y los funcionarios de Policía culpables no se ven automáticamente separados del servicio activo".

El Estado español ratificó en Estrasburgo el 2 de mayo de 1989 el *Convenio europeo para la prevención de la tortura y de los tratamientos inhumanos y degradantes.*

Pero, aparte del Comité contra la Tortura de las Naciones Unidas y del trabajo del Parlamento Europeo, sin duda el organismo que más tradición y constancia tiene en la denuncia de las torturas practicadas por la Policía española es *Amnesty International.*

La lectura de los informes de este organismo en la última década –cuyo recorrido pormenorizado hemos realizado para este libro– es sencillamente contundente: todos los años sin excepción denuncian una y otra vez casos concretos de tortura por parte de la Policía española, en general a militantes vascos; y todos los años se quejan de la falta de medidas preventivas y de reformas legales, de la hipocresía de las respuestas oficiales españolas, así como de la impunidad de los torturadores.

Le ahorraremos al lector el repaso de los distintos informes anuales de este organismo internacional, pero hemos de dejar clara la contundencia del conjunto de ellos y la absoluta imposibilidad de que se trate de investigaciones engañosas.

Dan también cuenta los informes de las numerosas gestiones de esa organización ante el Gobierno español, ante el francés, ante la ONU y otras instancias para que se atienda este gravísimo problema, pero al final suelen terminar por lamentar la nula atención de los gobernantes y, en consecuencia, por volver a constatar al año siguiente que la Policía española, con una abrumadora diferencia respecto a las otras policías de Europa, continúa torturando en los interrogatorios.

Capítulo 7

Represión infinita de Madrid y París

La aguda represión selectiva y extensiva del País Vasco es una característica estructural del actual aparato estatal español, incluida la acción ilegal de sus funcionarios para torturar al detenido, "tirar a matar" al militante, dar palizas esporádicas e injustificadas al preso y organizar actividades parapoliciales. Todo ello con la colaboración –más disimulada o más descarada, según épocas– del Estado francés.

Sin una represión fuerte, esos Estados no podrían seguir negándole al pueblo vasco su derecho a existir, no podrían contener su protesta.

Tirar a matar

El informe de Amnesty International relativo a 1993 termina con unas palabras que nos permiten empalmar el tema de la tortura con otro proceder inadecuado de la Policía española, pues finaliza en efecto aludiendo a "los presuntos homicidios perpetrados por las fuerzas de seguridad en circunstancias controvertidas o inadecuadamente investigadas en España".

Los presuntos homicidios a que se refiere son las muertes innecesarias de militantes en el momento de la detención. Hay efectivamente casos en los que la Policía mata al militante cuando podía haberse limitado a detenerle sin correr por ello riesgo alguno. Es la práctica que en lenguaje familiar suele denominarse de "tirar a matar" o de "fusilamientos encubiertos", que es tan ilegal como la tortura, pero que suele producirse, sin suponer nunca una reacción oficial correctora. Es, por lo tanto, una práctica ilegal cuando menos permitida.

Los casos de este tipo que por nuestra parte hemos podido reseñar en los últimos años son los siguientes:

16.2.84	Barakaldo	Iñaki Ojeda
22.3.84	Pasaia	Pedro Mari Isart
22.3.84	Pasaia	Rafael Delas
22.3.84	Pasaia	Dionisio Aizpuru
22.3.84	Pasaia	José Mari Izura
15.6.84	Hernani	Juan Luis Lekuona
15.6.84	Hernani	Agustín Arregi
7.8.84	Oiartzun	Eduardo Irizar
13.8.84	Lasarte	Pablo Gude
15.1.86	San Sebastián	Alejandro Auzmendi
15.1.86	San Sebastián	Bakartxo Arzelus
15.1.86	San Sebastián	Luis Mari Zabaleta
23.7.87	Pasaia	Luzia Urigoitia
23.9.88	San Sebastián	Mikel Kastresana
16.9.89	Irun	Manu Urionabarrenetxea
16.9.89	Irun	Juan Oiarbide
25.6.90	Lumbier	Susana Arregi
25.6.90	Lumbier	Jon Lizarralde
18.9.90	Pamplona	Mikel Castillo
30.5.91	Lliça d'Amunt (Cataluña)	Joan Carles Monteagudo
30.5.91	Lliça d'Amunt (Cataluña)	Jon Félix Erezuma

17.8.91	San Sebastián	Jokin Leunda
17.8.91	San Sebastián	Iñaki Ormaetxea
17.8.91	San Sebastián	Patxi Itziar
29.8.91	Bilbao	Juan Mari Ormazabal

Esta lista no es, por lo tanto, la de los militantes vascos muertos por la Policía, que serían muchos más (rondan los ciento cincuenta desde el surgimiento de ETA), sino sólo la de quienes fueron muertos sin que lo exigiese un enfrentamiento armado, es decir, la de quienes debieron simplemente haber sido detenidos.

Palizas nuevas en prisiones viejas

Los presos políticos vascos son unos quinientos en el Estado español y alrededor de cincuenta en el francés. Su situación se enmarca dentro de la que padecen los presos comunes de estos dos Estados, con algunas particularidades que les afectan especialmente a ellos.

El Observatorio Internacional de Prisiones es un organismo no gubernamental, con sede en la ciudad francesa de Lyon, que trata de dar a conocer las condiciones de vida de ese sector marginado de la sociedad que son los presos y, también, de hacer que mejoren esas condiciones. En mayo de 1994 presentaron públicamente en París el informe relativo al año anterior. Nuestros siguientes párrafos seguirán en lo esencial el contenido de dicho informe.

Por lo que respecta a las cárceles del Estado francés, sus instalaciones son por lo general más modernas que las del español, si bien superocupadas, como la de Bayona, donde hay más del doble de presos de los que debería haber. Destaca en general el alto precio de la alimentación en las cantinas carcelarias, la higiene en las prisiones antiguas, la deficiente atención médica. Pero lo peor parece ser el trato a los presos, no sólo por lo que se refiere a malos tratos propiamente dichos –que se producen a veces– sino sobre todo porque el trato corriente es innecesariamente duro y rígido.

Las cárceles del Estado español se encuentran en una situación mucho peor. El resumen inicial del informe del Observatorio, en el que colaboran dos entidades vascas de apoyo a los presos (Salhaketa y Senideak), dicen que estas cárceles "padecen un fuerte hacinamiento, cuentan con locales vetustos y recurren de manera corriente, si no sistemática, a la brutalidad y a un trato degradante. Se han denunciado casos de tortura en el interior de la prisión. Los detenidos vascos –alrededor de quinientos diez en el Estado español– están sometidos a un régimen muy duro desde la puesta en práctica de la política de dispersión en 1987".

Los malos tratos, vejaciones y humillaciones son permanentes. Se traducen en palizas –numerosas en 1993–, amenazas y constantes cacheos de las celdas y de los objetos personales, en los que éstos pueden ser estropeados o robados. Con frecuencia, los presos tienen que desnudarse para los cacheos y permanecer inmóviles en el fondo de la celda. Si se niegan, los vigilantes les desnudan por la fuerza. A menudo, estas situaciones se ven acompañadas de agresiones por parte de los funcionarios y vienen seguidas de varios días de aislamiento.

Las llamadas al preso crean también problemas. Ocurre a veces que los funcionarios llaman a éste en plena noche de manera muy agresiva. Con gritos ininterrumpidos, golpean las puertas, iluminan violentamente las celdas y obligan a los presos a levantarse, pudiendo dejar la luz encendida toda la noche.

El estado físico de las cárceles es en ocasiones deplorable, con un equipamiento viejo, escaso y mal cuidado. El hacinamiento a que se les somete acrecienta el contagio de enfermedades entre los presos. Faltan calefacciones. Los patios para el paseo son por lo general demasiado pequeños. Al parecer, van a construirse alrededor de veinte grandes cárceles para poder cerrar las 32 actuales más deterioradas.

La alimentación es inadecuada. De mala calidad, le sobra la grasa y le faltan frutas y verduras. Algunas prisiones carecen de comedor y, cuando lo tienen, es normal que se utlice además para sala de estar. Conseguir comida comprada es caro y sumamente dificultoso.

La higiene es lamentable. Por todas partes abunda la porquería y el descuido, haciéndose muy frecuentes las enfermedades y los contagios. Donde no hay ratas, hay pulgas, piojos o cualquier insecto o parásito. Las duchas carecen de intimidad y, a menudo, de agua caliente. Desde el punto de vista higiénico, las cárceles españolas son absolutamente tercermundistas, hasta el punto de que en muchos casos las consecuencias de la falta de higiene pasan a ser mayor castigo que el propio encierro.

La curación de enfermedades es difícil, pese a que las tres cuartas partes de los presos del Estado español son toxicómanos y una mitad del total, seropositivos. Las enfermerías están mal equipadas, faltan médicos y enfermeros. La atención médica externa está a menudo prohibida, como les sucede a la mayoría de los presos vascos, desde la dispersión.

No es casualidad que hayan muerto ya en la cárcel nueve presos vascos, a menudo por faltas en el diagnóstico o en el tratamiento. Por referirnos a algunos de los últimos, en 1986 el preso Joseba Asensio, a punto de cumplir su condena, apareció muerto en su celda como consecuencia de un proceso tuberculoso que no había sido diagnosticado por los médicos. Al año siguiente, Josu Retolaza moría de un cáncer que le había sido diagnosticado como una vulgar verruga. En 1988 Juan Carlos Alberdi moría en su celda de un paro cardíaco. A los dos años, Mikel Zalakain fallecía igualmente de un infarto de miocardio, tras haber padecido varios amagos mal atendidos.

Con toda razón dice el informe del Observatorio Internacional de Prisiones que "hemos de aprender a no hablar de muertes naturales en la cárcel. La muerte natural llega al final de la vida y no estando detenido, a los 30 años de edad". Ni las muertes por enfermedad inevitable ni las de enfermedad mal atendida ni tampoco los suicidios u otras causas pueden considerarse en prisión como muertes naturales.

Desde que el Ministerio de Justicia español implantó la política de dispersión, las enfermedades de presos vascos cuentan con el agravante de la distancia de muchos cientos de kilómetros con respecto a las familias, por lo que éstas mal pueden asistir al enfermo. Las visitas al hospital se realizan en tales condiciones de represión policial y dureza que muchos enfermos prefieren no ser atendidos antes que sufrirlas.

En cuanto a instalaciones deportivas en las cárceles, las que las tienen, que no son muchas, se las prohíben a veces a los presos vascos. Otro tratamiento especial de estos presos es que cuando les llega el plazo de la libertad condicional, ésta no se les concede.

Las visitas de los familiares son pocas y cortas, están vigiladas y tienen prohibido el uso de la lengua vasca. La correspondencia está muy limitada, también vigilada y, si se emplea la lengua vasca, los retrasos pueden llegar a ser de hasta un año.

Si antes hemos aludido a la especificidad de las condiciones carcelarias de los presos vascos, la principal de ellas es actualmente la política de dispersión, iniciada hace varios años sobre la base oficial de que así, al estar separados unos de otros, se desvincularán de ETA y se darán más casos de arrepentimiento.

Con esta política se está vulnerando el principio general de que los presos deben estar lo más próximos posible de sus hogares, con vistas a mantener sus vínculos familiares, principio que se defiende además en numerosos reglamentos carcelarios vigentes, en especial de cara a los presos preventivos.

Al preso se le aísla también de sus compañeros, con lo que ello puede suponer para el equilibrio sicológico en una situación dura, y se le dificulta extraordinariamente el realizar estudios (los estudios son a su vez otra recomendación de los reglamentos carcelarios).

Los continuos traslados de cárcel a cárcel se han convertido en los últimos años en un castigo añadido a los presos vascos, ya que de este modo carecen de estabilidad de cualquier tipo, lo que les impide proponerse ninguna tarea ni hacerse ningún plan de ningún tipo. Es muy frecuente que no se avise a la familia del traslado del preso y, cuando ésta llega a la cárcel para visitarle, se le notifica que no está allí, sin decirle dónde está ni a dónde ha sido trasladado, cosa que no va a saberse a veces hasta varios días después.

La distancia entre el preso y su familia se traduce en un enorme coste económico para las visitas, prohibitivo para muchas familias, y en riesgos de viajes, imposibilidades según la edad o impedimentos personales, etc. La dispersión es un gravísimo castigo para los familiares y amigos de los presos.

Los traslados de presos vascos son una de las formas de presión constante a este colectivo. En 1993 se han realizado alrededor de 500 traslados, en general en pésimas condiciones, esposados dentro de furgones metálicos, en viajes a veces innecesariamente largos.

Otro inconveniente que acompaña también a estos traslados es la frecuente pérdida de objetos personales, de libros, de material necesario para los estudios, lo que a veces llega a impedir la continuación de éstos en prisión.

Pero sin duda alguna la mayor injusticia que ha traído consigo la política de dispersión ha sido el que los traslados vayan frecuentemente acompañados de terribles palizas por el camino dadas por los guardias civiles encargados de ellos. En 1993 se han producido nada menos que casi cien de estas agresiones, siempre de una extrema crueldad y cobardía y a menudo espantosas.

La atrocidad del apaleamiento de presos durante su período de condena ha comenzado a producirse en dos modalidades: palizas colectivas a grupos de presos con motivo generalmente de alguna protesta de éstos y palizas individuales que, como decimos, han empezado a proliferar con motivo de los traslados de cárcel, aunque ocurren también a veces en el traslado al juzgado o en la propia cárcel. Las palizas individuales carecen casi siempre de motivo ni de excusa alguna. Los funcionarios o policías le propinan la paliza al preso sencillamente para descargar su odio y porque pueden hacerlo, sin más.

La primera paliza colectiva a presos a partir del acceso del PSOE al Gobierno se produjo en la cárcel de Alcalá Meco en diciembre de 1982, cuando los presos protestaron ante el director por la falta de calefacción, en una zona tan fría de la meseta castellana. El director, ya bajo las órdenes de un ministro socialista, llamó a la Policía Nacional, que penetró en la prisión y apaleó salvajemente a los presos.

Las palizas a presos, para la moralidad imperante en el siglo XX, resultan de una crueldad y una cobardía intolerables, además de estar prohibidas por la ley. Sin embargo, desde el acceso al poder del PSOE fueron tomando carta de naturaleza como práctica cada vez más frecuente, tanto en su modalidad colectiva como en la individual.

Como un momento de recrudecimiento de este comportamiento cabe citar el final de las conversaciones de Argel entre el Gobierno español y ETA en 1989, que supuso un incremento de la política de dispersión de presos, acompañada para colmo por numerosas palizas. Los anuarios del periódico *Egin* recogen desde entonces larguísimas y terroríficas listas de palizas a presos en las cárceles o en los traslados.

Por referirnos a los últimos años, en 1992 se registraron 41 palizas y en 1993 éstas subieron a 93. La Comisión de Derechos Humanos de la ONU, en su informe sobre los años 92 y 93, entre los ocho casos de maltrato a detenidos vascos que recoge, incluye la brutal paliza al preso Koldo Arrese en septiembre de 1992 por parte de los funcionarios de la cárcel de Daroca (Zaragoza).

El trato a los presos vascos es tan deplorable y tan medieval que, al igual que la tortura policial, constituye una auténtica vergüenza para el Estado español. Los sacrificios y humillaciones de todo tipo a que somete a los presos y a sus familias sobrepasan sin duda, por otra parte, la capacidad literaria y de espacio del presente libro.

La lucha de los presos contra sus injustas condiciones de vida ha sido larga y dura, incluyendo numerosas huelgas de hambre, de sed y "chapeos" (rechazo a salir de la celda), algunos de los cuales han logrado sus objetivos. Los castigos ante cualquier protesta son desproporcionados y el aislamiento prolongado del preso, frecuente como castigo, comporta un riesgo sicológico muy grave.

El contrapunto del trato oficial a los presos vascos lo señalan los recibimientos populares que se les hace normalmente a su salida de la cárcel en el propio pueblo o barrio, donde gran número de vecinos celebran la excarcelación con danzas vascas, comida popular y diferentes festejos. Estos recibimientos constituyen por sí mismos un auténtico indicador sociológico de que los presos vascos son una parte entrañable y plenamente integrada de la sociedad vasca.

Extradiciones, deportaciones y entregas

La *extradición* supone una decisión judicial tras el estudio de la demanda y de todas sus circunstancias. La tradición francesa creada durante el franquismo era contraria a la concesión de extradiciones de refugiados políticos en base, principalmente, a la existencia de torturas policiales en el Estado español.

Esa tradición se mantuvo durante el mandato de la UCD, la derecha española que sucedió al franquismo, e incluso durante los dos primeros años del mandato socialista, fundada, en principio, en aquella misma posición.

Algo antes de la victoria electoral de la izquierda francesa, se produjo en 1979 el congreso del Partido Socialista Francés en Metz, donde se aprobó la siguiente moción:

"Teniendo en cuenta las graves consecuencias que pueden padecer los vascos, pedimos que se restablezca el estatuto de refugiado político para los vascos que pidan asilo político en Francia y no aceptaremos que una persona que viva entre nosotros sea extraditada por razones políticas".

En el corto período que va de la victoria socialista francesa (mayo de 1981) a la española (octubre de 1982), los dirigentes socialistas franceses mantienen abiertamente la postura tradicional. El 9.7.81 Robert Badinter, el ministro francés de Justicia, afirmaría en referencia a los vascos: "Francia será siempre tierra de asilo para refugiados políticos". Las tradiciones republicanas francesas continuaban aún en vigor por aquellas fechas.

Aún más explícito sería el ministro francés del Interior, Gaston Defferre, a quien *Le Nouvel Observateur* le había preguntado en su edición del 18.7.81 si iba a haber extradiciones de vascos y cuya respuesta sería: "No puede ser, no, quizá porque yo he vivido la clandestinidad, tengo el fuerte sentimiento de que conceder extradiciones es contrario a todas las tradiciones francesas, sobre todo cuando se trata, como ahora, de un combate político".

La primera extradición de refugiados vascos la concedió el Estado francés a fines de septiembre de 1984, tras fuertes presiones, exitosas, del Gobierno socialista español ante el Gobierno, también socialista, francés. Provocó en el sur vasco una huelga general el 26 de ese mes, ampliamente secundada.

El número de extraditados vascos desde entonces ha sido de 30: de ellos, 26 proceden del Estado francés y los otros 4 de otros países. En esa cifra se incluyen sólo los extraditados en sentido estricto, es decir, quienes han sido entregados a los jueces españoles a través de un procedimiento judicial, ya que los entregados por otros procedimientos han sido muchos más, como veremos luego.

El cambio de óptica de las autoridades francesas para pasar de haber negado las extradiciones a haberlas concedido se fundamenta en realidad en una falacia. Es cierto, en efecto, que el régimen español pasó tras la muerte del general Franco a ser una democracia homologada, bastante similar a las democracias europeas, lo cual, efectivamente también, parece que tenga que ir acompañado de la supresión de la tortura policial. Es más, la Constitución española prohíbe ésta taxativamente, como hemos visto.

Y si la homologación del Estado español les resultaba a los europeos difícil de discutir bajo la dirección del Gobierno de UCD, pese al sustrato franquista de muchos de sus miembros, todavía se lo resultó más difícil con el acceso al gobierno en 1982 del Partido Socialista, un partido perdedor de la Guerra Civil y considerado de izquierda. No podía ser. La negación de las extradiciones de refugiados políticos era una rutina del pasado, que ya no tenía razón de ser en la nueva situación.

Y en eso consiste la falacia. Es cierto que las libertades democráticas y la prohibición constitucional de la tortura abren la presunción de que ésta ha sido abolida, pero no son una prueba de ello, como los hechos han demostrado desgraciadamente. Incluso, el Estado español –como ya se ha dicho– ha firmado convenios internacionales comprometiéndose a suprimir la tortura. Pero ni la ha suprimido ni siquiera la ha disminuido en ningún sentido.

El Estado francés, como por arte de magia, ha convertido la simple presunción en prueba definitiva y ha comenzado a negar su sentido al refugio político de ciudadanos españoles –procedentes de una democracia– y en consecuencia, a conceder extradiciones.

Pero antes de la entrada en vigor de la nueva práctica de las extradiciones en septiembre de 1984, las autoridades francesas se vieron presionadas por las españolas para que neutralizasen a ciertos refugiados vascos. Queriendo al mismo tiempo evitarse los escándalos que en aquellas épocas podían seguir a una entrega de refugiados, a partir de enero de aquel mismo año 1984, pusieron en marcha un procedimiento nuevo consistente en *deportarlos* a terceros países que aceptaban hacerles ese favor en el marco de unas buenas relaciones diplomáticas con los Estados francés y español. Porque también éste participaba en la operación, contratando a dichos países y pagando el viaje y manutención de los deportados.

La deportación adoptaba una forma jurídicamente insostenible. El deportado no era en el país de llegada ni preso ni refugiado ni turista ni ciudadano de ninguna clase. Sin *status* jurídico, carentes de todo amparo legal, los refugiados quedaban sometidos a todo tipo de arbitrariedades: desde una desatención extrema y prohibiciones interminables hasta el ya aludido caso de los dos deportados torturados con electrodos por la Policía española en Ecuador, pasando por algún caso aislado en que se les puede considerar en situación aceptable, como es el de los deportados a Cuba.

Bajo esta indefinición jurídica, que atenta a los principios mismos del Derecho, una cincuentena de refugiados vascos han sido llevados a la deportación entre enero de 1984 y mayo de 1989, para permanecer en ella hasta nuestros días. Los países en que se encuentran son Cabo Verde, Cuba, Panamá, República Dominicana, Sao Tomé y Venezuela.

Por parte del Estado francés, la deportación fue, como decimos, una medida intermedia que se puso en marcha entre la no entrega de refugiados vascos, anterior al año 84, y las primeras extradiciones en septiembre de dicho año. Una vez puesta en marcha, continuó practicándose aun después del citado cambio de estrategia francesa respecto a los refugiados vascos, simultaneándose arbitrariamente la deportación con extradiciones judiciales e incluso con entregas directas extrajudiciales a la Policía española.

Hay que señalar también que a aquel histórico cambio francés de mediados de 1984 le acompañó un incremento de los *encarcelamientos,* de las *prohibiciones de residencia* en departamentos del sur francés y de los *confinamientos* de refugiados vascos, que, si bien se habían producido ya con anterioridad, empezaron a convertirse en una medida frecuente. El confinamiento se refiere a la obligación de residir en una ciudad francesa o departamento determinados. Medidas todas ellas viejas contra los refugiados vascos y que se han mantenido hasta nuestros días.

Pero tras las deportaciones a partir de enero de 1984 y las extradiciones a partir de septiembre de aquel año, el siguiente cambio a peor de las autoridades francesas en este tema fue el inicio de las puras entregas de refugiados de Policía a Policía.

Las *entregas* presentan una diferencia importante con respecto a las extradiciones. Mientras estas últimas exigen un procedimiento judicial, las entregas no pasan por las manos del juez, sino que toman la forma de un simple procedimiento administrativo y se realizan mediante la entrega física del refugiado de manos de la Policía francesa a las de la española, sin más requisitos y, repetimos, sin intervención judicial alguna.

El nuevo procedimiento se puso en vigor a raíz de la victoria de la derecha francesa en las elecciones legislativas de marzo de 1986. Con ese motivo, el nuevo Gobierno francés –que sustituía a los gobiernos socialistas vigentes desde mayo del 81, manteniéndose Mitterrand en la presidencia del Estado– solicitó a su homólogo español la interrupción de las actividades parapoliciales del GAL (Grupos Antiterroristas de Liberación, de los que hablaremos después y que en efecto terminaron en aquel momento), a cambio de facilitarle la entrega directa de refugiados vascos sin intervención judicial.

La mayoría de las doscientas entregas aproximadas efectuadas entre julio de 1986 y mayo del 88 lo fueron en concepto de "urgencia absoluta", al amparo de una ley francesa de los años cuarenta, redactada con un espíritu bien diferente, de cara a personas que supusiesen un peligro grave e inminente para el Estado francés.

Si bien la opinión pública del País Vasco norte había estado indignada, e incluso aterrorizada, durante los años 1984 a 1986, por la escalada impune de los GAL allí, la indignación no decreció, sino que se transformó, al percatarse en 1986 del nuevo procedimiento de colaboración gubernamental francesa con la Policía española, el procedimiento de las entregas directas.

Las primeras entregas del mes de julio de 1986 provocaron un comunicado de protesta de sesenta electos nacionalistas del País Vasco norte, contra "la entrega a la Policía española, de la que Amnesty International denuncia aún este año la práctica sistemática de la tortura" y contra "un predominio policial en el Estado francés que sustituye a los magistrados, únicos habilitados para condenar".

En aquel mismo mes, un numeroso grupo de nacionalistas y amigos de dicha zona del País presentaron la campaña "Un refugiado, una casa" para conseguir viviendas a los refugiados vascos, campaña que obtuvo una respuesta extraordinariamente fructífera, dada la buena relación tradicional de estos refugiados con la población del norte de su País y dada también la indignación social ante la creciente colaboración francesa con la tortura policial y con los procedimientos parapoliciales españoles.

De nuevo en el mes de agosto, un numeroso grupo de electos del País Vasco norte presentó otra declaración más contra el procedimiento de "urgencia absoluta". A la rueda de prensa de presentación asistieron 43 electos, 12 de los cuales eran alcaldes, y ello a pesar de que la convocatoria había sido muy precipitada.

Entre los reunidos había electos nacionalistas, así como dos comunistas e incluso un socialista. Asistieron también a la reunión un antiguo parlamentario y vicepresidente del Consejo General de Pirineos Atlánticos y varios abogados de los refugiados vascos.

El informe parcial de Amnesty International de octubre-86 a marzo-87 avisaba ya al Gobierno francés en contra de las 50 entregas ya realizadas para entonces, con estas palabras: "El punto de vista de Amnesty International sobre estas expulsiones es que nadie debería ser enviado de un país a otro en que cabe razonablemente esperar que puede ser torturado". Además, le pide a dicho Gobierno "que consiga garantías fidedignas del Gobierno español de que no se le aplicará al entregado la legislación antiterrorista, que esta organización considera apta para la tortura".

El siguiente informe parcial del mismo organismo, el correspondiente a abril-septiembre-87, precisa por su parte:

"Amnesty International se opone a estas entregas de vascos a España porque, a su juicio, existen fundamentos sustanciales para creer que podían ser objeto de torturas. El artículo 3 de la Convención de las Naciones Unidas contra la Tortura establece que ningún Estado debe expulsar, devolver o extraditar a ninguna persona a otro Estado donde existan tales fundamentos".

"Esta Convención fue ratificada por Francia el 18 de febrero de 1986. Amnesty International ha expresado su preocupación por estas expulsiones a los Gobiernos francés y español desde que se puso en práctica la nueva política en julio de 1986, debido a las denuncias serias y auténticas de tortura y malos tratos que se han recibido en algunos de estos casos".

El citado informe acaba solicitando que como mínimo sean los jueces españoles y no la Policía quienes se hagan cargo de los entregados, que éstos puedan designar el abogado de su elección y que el juicio se realice en plazo breve. Todo lo cual demuestra que Amnesty International sabe de lo que está hablando.

En mayo de 1988 se produjo un nuevo cambio gubernamental francés por el que el derechista Charles Pasqua fue sustituido en el

Ministerio del Interior por el socialista Pierre Joxe. Esto interrumpió las entregas por "urgencia absoluta" pero se produjeron algunas otras entregas más por un nuevo procedimiento denominado de "reconducción a la frontera", que suponía igualmente una entrega de Policía a Policía sin intervención de los jueces.

Como en 1993 la derecha ha vuelto al Gobierno francés, el procedimiento de "urgencia absoluta" ha sido restaurado, de manera que en la actualidad todo tipo de entregas judiciales y policiales se puede decir que están en vigor simultáneamente, dependiendo su empleo de la arbitrariedad de cada caso.

Actividades parapoliciales

Cuando hay una voluntad popular firme a la que oponerse, cualquier gobierno se ve abocado a la ilegalidad y, como se ha dicho más arriba, la posición antidemocrática de negar la autodeterminación deriva en cadena en la posición antidemocrática de tener que torturar a los detenidos. Y deriva también en un tratamiento inhumano a los presos políticos... y en la organización de actividades clandestinas por parte de grupos parapoliciales.

Todos estos comportamientos están encadenados y sólo se explican conjuntamente. No caben las explicaciones parciales. No cabe pensar que al Gobierno español le agrade entrar en la ilegalidad ni le resulte siquiera indiferente: por las precauciones a que ello obliga, por los pequeños riesgos que siempre se corren, por el peligro de que en algún momento sus manos aparezcan ensangrentadas a la luz pública. Preferiría actuar legalmente, pero la eficacia policial se impone. Los mandos policiales se resisten, como es normal, a dar batallas perdidas y llega un momento en que exigen el paso a una "acción eficaz y sin cortapisas".

Es la lógica implacable que se ha podido observar en las relaciones colonialistas de las potencias europeas con sus dependencias del Tercer Mundo. Aunque la relación del País Vasco con Madrid y París no sea la de una colonia clásica, al serle negada su soberanía y producirse una fuerte resistencia popular ante ello, la entrada en la ilegalidad de esos Estados es más una cuestión de coyunturas que de principios.

El uso de actividades ilegales por parte de un Estado no se deriva únicamente de una negación nacional contestada. La ilegalidad puede también servir para combatir, no a un movimiento nacional, sino, por ejemplo, a un movimiento ecologista, como hemos tenido ocasión de comprobar al ver que el presidente francés Mitterrand opta por el uso de las bombas clandestinas contra el buque *Rainbow Warrior* en Nueva Zelanda.

Siempre que un Estado toma una posición antidemocrática contra un movimiento popular (sea nacional o sea de otro orden), puede verse atrapado en la lógica que pide acciones clandestinas en uno u otro momento. Hay un punto en la lucha en que la dirección de los cuerpos armados (militares o policiales) imponen esa necesidad como insoslayable.

Las actividades clandestinas por parte de un Estado no son solamente una cuestión moral, como se ha dicho ya. En su punto de partida ha tenido que existir previamente la negación de un derecho popular, que es la que, en determinadas condiciones, acaba obligando a la actividad clandestina. A la inhumanidad represiva le ha precedido una distorsión de la democracia, una perversidad política.

El Estado español ha organizado en varias etapas actividades parapoliciales para luchar contra el movimiento vasco contestatario y el Estado francés le ha ayudado discretamente en algunas de ellas.

En la época de Franco, el Estado español entraba en la ilegalidad para torturar a los detenidos, pero en cambio no (o apenas) para dar palizas a los presos ni para organizar grupos parapoliciales que eliminasen físicamente a la oposición. De estas tres actividades ilegales del Estado español se puede decir que fue Franco quien (en 1936) instauró la tortura, que fue la UCD quien añadió (a partir de fines de 1975) la organización de grupos parapoliciales y que fue el PSOE quien a todo lo anterior le añadió a su vez (en 1982) las palizas a los presos.

En el País Vasco se suele llamar "incontrolados" a los autores de atentados contra militantes de organizaciones populares. Al parecer, la palabra procede de alguna explicación oficial que atribuyó a "elementos incontrolados" la realización de alguna fechoría de extrema derecha y fue asimilada con un toque irónico por el habla corriente, dándose a entender que se trata de mercenarios bien controlados. Y, por eso, la palabra suele escribirse entre comillas.

Las primeras acciones "incontroladas" preceden en realidad al Gobierno de UCD, aunque fue éste el que las impulsó y generalizó. Ya en octubre de 1975, estando el general Franco aún en vida (habría de morir al mes siguiente), un grupo de guardias civiles –según testigos de los hechos– mató a uno de los miembros de una familia nacionalista militante (Etxabe) en su establecimiento comercial del sur vasco. Aunque algún otro atentado frustrado le había precedido, éste se suele considerar el principio de la serie.

A partir de aquella fecha, las bandas parapoliciales pasaron cada vez con más frecuencia la frontera del Bidasoa para atacar a refugiados vascos. La situación que crearon se hizo tan embarazosa para el Gobierno francés que el ministro del Interior Poniatowski tuvo que declarar el 4.6.75 ante la Asamblea Nacional: "En los últimos tiempos se han producido ciertos hechos lamentables. Policías españoles han penetrado en territorio francés sin darse a conocer. He exigido que se efectúen las gestiones diplomáticas necesarias ante las autoridades españolas a fin de que prohíban a sus agentes la entrada en Francia para llevar a cabo ciertas misiones".

Durante el año 1976 se efectúan en el País Vasco norte ocho atentados con bombas, un secuestro y tres muertes de refugiados vascos. Los atentados producen numerosos heridos. La Policía francesa arresta a un ciudadano español, en cuyo vehículo encuentra armas, municiones y abundante documentación relativa a refugiados vascos. La intervención del cónsul español en Bayona permite sin embargo su liberación.

En el mes de mayo, varios activistas españoles e italianos atacan en Montejurra (Navarra) una concentración carlista, ocasionando dos muertos y varios heridos. El italiano Carlo Ciccutini, que había estado refugiado en la España franquista tras ser perseguido en Italia, termina declarando "haber colaborado con las fuerzas de seguridad españolas en operaciones en Francia, con el grupo ATE (Anti Terrorismo ETA), tanto vigilando a miembros de la izquierda española y de ETA como en atentados contra estos últimos".

Las acciones de los "incontrolados" fueron en ocasiones tan intensas y generalizadas que en los años de la transición política hubo momentos en que llegaron a aterrorizar a un municipio o a un barrio entero.

Hacia finales de 1978 hace su aparición en escena la organización parapolicial denominada Batallón Vasco Español, que comete numerosos atentados contra militantes vascos a ambos lados de la frontera y, en ocasiones, contra la población civil.

La tensión que fue creando esta actividad fue tal que el entonces presidente de Francia, Giscard d'Estaing se vio obligado a declarar el 6.10.79: "Es intolerable que la Policía española venga a territorio francés a arreglar sus cuentas".

Sólo cinco días más tarde, Manuel Fraga Iribarne, dirigente de la derecha española, haría una declaración de signo bien distinto: "Soy partidario de las policías paralelas que tan buen resultado dieron en Francia". Algo parecido había manifestado poco antes, el 30.7.79, Ramón Rubial, presidente del Partido Socialista: "Hay una manera de liquidar a ETA, lo que hizo Francia con la OAS, una organización de gran fuerza con la que estaban comprometidas altas personalidades de aquel país. Pero esto no lo puede decir ningún demócrata".

Mientras en el Estado francés se mostraba, pues, el malestar ante la intromisión española, los principales líderes políticos al sur de los Pirineos comenzaban a apoyar abiertamente las actividades parapoliciales.

En 1980 se producen varias violaciones de muchachas jóvenes, no militantes, en diversas localidades del sur vasco, con síntomas de haber sido todas ellas obra de un mismo grupo parapolicial: los violadores llevan armas, actúan en grupo, con el rostro descubierto e interrogan a las víctimas acerca de sus opiniones políticas y de ETA.

El periódico *Deia,* del PNV, escribía en su edición del 19.9.80: "En los cinco años que van desde 1975 hasta hoy, la extrema derecha ha realizado en el País Vasco 500 atentados, con un balance de 38 muertos y 128 heridos. En la parte norte han sido detenidas 15 personas de estos comandos, mientras que en la parte sur solamente cuatro y de escasa importancia".

En noviembre de 1980 matan en Caracas a un matrimonio vasco, perteneciente al comité de ayuda a los presos y refugiados en Venezuela.

A los pocos días, varios hombres armados penetran en el bar Hendayais situado en Hendaya, en el norte vasco, y disparan contra la clientela, muriendo dos ciudadanos locales. Los agresores consiguen huir y, al pasar la cercana frontera, son detenidos por la Policía española, pero pronto puestos en libertad por indicación de un alto jefe policial. Éste declarará que los detenidos trabajaban como informadores en la lucha contra ETA y se negará a facilitar sus nombres al juez. La Policía francesa descubre que las balas de éste y otros atentados corresponden a las que utiliza la Policía española.

El ministro francés del Interior, Christian Bonnet, acusó directamente a la Policía española de complicidad con los asesinos, al declarar el 26.11.80: "A pesar de las peticiones de los policías franceses del puesto fronterizo de Hendaya, los policías españoles se negaron a entregar a los fugitivos y a comunicar a sus colegas sus identidades. El Gobierno francés no puede admitir tal comportamiento, que se parece a una complicidad".

Muchas fueron las siglas utilizadas por los "incontrolados" para asumir sus acciones. Entre 1975 y 1980 hubo siete víctimas mortales que o se reivindicaron con la sigla ATE (Anti Terrorismo ETA) o bien sin nombre alguno: ahí incluímos el ya citado atentado inicial contra uno de los hermanos Etxabe y los que acabaron con la vida de los famosos dirigentes de ETA, Pertur y Argala , entre otros.

Entre 1977 y 1980 hubo otros cinco muertos asumidos a nombre de la Triple A. En 1979 las siglas ANE asumen otra muerte y, de ese año al siguiente, las siglas GAE otros seis más. Entre 1979 y 1981, el nombre de BVE (Batallón Vasco Español) es el utilizado para reivindicar otras 22 muertes más.

Ya con el PSOE en el Gobierno serían las siglas GAL las que, entre octubre de 1983 y febrero de 1986 reivindicarían 26 muertes, sobre todo en el norte vasco. También otra muerte que haría el número 27 del GAL se produjo en julio del 87, pero, al parecer, sin órdenes de la dirección del grupo. Por fin, la muerte en el Hotel Alcalá de Madrid del diputado de Herri Batasuna Josu Muguruza en 1989, una muerte extraordinariamente selectiva, parece que estuvo organizada por un grupo parapolicial distinto.

La población vasca siempre había tenido la impresión de que en realidad todas aquellas siglas no respondían a una verdadera organización sino que eran nombres ficticios para recubrir la actividad parapolicial. Finalmente esta impresión se confirmó en la entrevista del sargento de la Guardia Civil, Luis Cervero Carrillo publicada en la revista *Interviú:*

"El grupo Anti Terrorismo ETA –diría el guardia civil– era un grupo mixto formado por guardias civiles y por ultras. ATE no existía como organización. Era una de las múltiples siglas inventadas, utilizadas por los grupos que recibían órdenes del Estado Mayor de la Guardia Civil".

Según la agencia de noticias Efe, un miembro del GAL afirmó en junio de 1985 que "durante el Gobierno de UCD nos mandaban reivindicar los atentados en nombre del Batallón Vasco Español y ahora lo hacemos como Grupos Antiterroristas de Liberación. Pero, esencialmente, detrás de ambos grupos seguimos estando las mismas personas".

El GAL

Aunque ya hemos visto que las actividades parapoliciales contra la militancia vasca fueron puestas en marcha por los gobiernos de la derecha española (UCD), la más importante y famosa de tales actividades –la denominada GAL– corresponde estrictamente al período gubernamental del PSOE, inaugurándose en octubre de 1983, justo al año de la victoria electoral de este partido. Hacía ya entonces más de dos años que había terminado la anterior actividad parapolicial.

El 15 de octubre de 1983, en Bayona, avanzada la tarde, dos jóvenes refugiados vascos de Tolosa se despiden de otro grupo de refugiados con los que habían pasado unas horas. Sería su último saludo. Desde ese momento, ambos desaparecen y no vuelve a saberse nada de ellos, sin que las denuncias de sus compañeros sirvan de nada. Los dos refugiados son ya dos "desaparecidos". Madrid ha decidido jugar de nuevo la carta de la "guerra sucia".

Según se supo mucho después gracias al interrogatorio de un miembro del GAL el 5.3.85, los jóvenes tolosarras fueron llevados en barco por dos miembros de ese grupo parapolicial al Estado español, donde habrían sido torturados hasta la muerte y después enterrados, por lo cual el policía español José Amedo habría pagado una importante cantidad de dinero a los miembros del GAL.

Cuatro días después, el 19, y bajo la dirección del mismo comisario jefe de Bilbao que más adelante aparecería como sospechoso de haber creado el GAL (Francisco Álvarez), un grupo de policías trata de secuestrar en Hendaya a un dirigente de una de las ramas de ETA existentes en aquellos momentos. La operación fracasa porque la resistencia del refugiado lleva a la detención de los cuatro agentes por la Policía francesa. El policía Álvarez declararía al juez español que había organizado la acción "por razones humanitarias", para canjear al militante vasco por un militar secuestrado en aquellos momentos por ETA; se negó, en cambio, a comparecer ante el juez francés.

Estas dos acciones –la doble desaparición y el intento de secuestro– pueden considerarse los primeros atentados del GAL, aunque dichas siglas no aparezcan propiamente hasta el siguiente atentado, que consistió en el secuestro, el 4.12.83, de Segundo Marey, un ciudadano del País Vasco norte, a quien el GAL debió de confundir con otra persona.

El hecho es que el secuestrado fue pasado clandestinamente al lado español de la frontera, según se supo mucho después, para ser entregado a la Policía española (José Amedo) en presencia de guardias civiles, para ser interrogado acerca de los refugiados vascos. Finalmente reaparecería en el norte vasco a los 10 días del secuestro y unas horas después de la liberación de los cuatro policías detenidos a causa del secuestro mencionado antes. La acción fue reivindicada por una organización entonces desconocida, los Grupos Antiterroristas de Liberación, GAL, en una nota donde se decía:

"A la vista de los crecientes homicidios, extorsiones y secuestros por parte de la organización terrorista ETA en el territorio español, pero programados y dirigidos en territorio francés, hemos decidido acabar con esta situación. Todo asesinato de ETA encontrará su venganza".

Además de esta declaración de principios del GAL, la nota incluía un punto donde explicaba la liberación de Marey como consecuencia de la de los cuatro policías: "En señal de buena voluntad y para agradecer el gesto del Gobierno francés (al liberar a los cuatro policías españoles), nosotros liberamos a Segundo Marey, arrestado por nuestra organización a consecuencia de su colaboración con los terroristas de ETA".

A los pocos días de la liberación del ciudadano hendayés secuestrado, la Policía francesa detiene a un ex legionario español, a quien encuentran 35 fotografías con todos los datos y características de refugiados vascos, provenientes directamente de la Policía española y, en concreto, del comisario Álvarez, cuyo teléfono aparece también en varios lugares entre los papeles. De los 35 refugiados fichados en esa documentación, 28 habrían de ser víctimas de las balas del GAL entre octubre de 1983 y febrero de 1986, fecha de finalización de esta actividad parapolicial.

A mediados de diciembre de 1983 muere en el País Vasco norte el primer refugiado víctima del GAL, al que seguirían toda una larga lista de muertos y heridos en atentados hechos de un modo muy bien organizado. Las acciones son por lo general tan certeras y bien calculadas que la población vasca empieza a sospechar que sólo pueden obedecer a un trabajo conjunto: la Policía española designaría con precisión el nombre y características del refugiado buscado, policías franceses facilitarían el domicilio y costumbres actuales de ese refugiado y los mercenarios se ocuparían de matarlo en base a la exhaustiva información así obtenida.

La falta absoluta de investigación policial de estos atentados, tanto en el lado francés como en el español, parece confirmar estas sospechas. El paso del tiempo y la información que por el propio peso de los numerosos casos ocurridos se fue acumulando demostrarían años después que efectivamente aquél había sido el esquema de trabajo realizado.

Las acciones del GAL originan desde su inicio manifestaciones de protesta en el País Vasco, que derivan a menudo en duros enfrentamientos con la Policía. En las localidades de las víctimas, la protesta social es prácticamente unánime, incluso con frecuentes huelgas generales de ámbito municipal o comarcal.

A principios de 1984, en sus números de enero y febrero, la revista *Euskadi* del PNV publicaba un organigrama del GAL que apuntaba directa y abiertamente al Estado español como a su organizador. La revista española *Tiempo* recogía por su parte en ese mismo enero la siguiente declaración de un experto en ETA: "A diferencia de intentos anteriores, el GAL es un proyecto total de lucha, directa y psicológica, con objetivos políticos dentro de un plan global para el País Vasco".

No sólo hubo atentados certeros del GAL. También cometieron sus errores, como es lógico. Los autores de la errónea muerte de un ferroviario de nacionalidad francesa en la estación fronteriza de Hendaya en marzo de 1984 son detenidos por la Policía española y declaran ser miembros del GAL. Ante lo cual, el vicepresidente del Gobierno español, Alfonso Guerra, hace una declaración absolutamente sorprendente por el conocimiento del GAL que demuestra: "Son individuos –dijo– que quisieron entrar en el GAL, pero que no pertenecen a esta organización".

El mismo mes moriría víctima de su propia acción el argelino Jean Pierre Cherid, uno de los principales mercenarios del GAL (quien también había trabajado para el Batallón Vasco Español), lo que obliga a la Policía francesa a detener a varios compañeros suyos de armas, que pronto serán liberados "por defectos de forma en la detención". El carnet que portaba Cherid en el momento de morir estaba a nombre de un madrileño a quien la Guardia Civil le había retenido la documentación hacía poco y durante un mes. La viuda del fallecido reclamaría una pensión vitalicia al Ministerio del Interior español.

Pero a fines de ese mismo año, el GAL decide una acción diferente de las habituales, que el semanario del PNV *Euskadi* considera parte de un gran proyecto contrainsurgente, situándolo así en su número del 20.12.84: "La lucha contraguerrillera llevada adelante por las fuerzas de seguridad de países como Inglaterra, Israel, Sudáfrica y Perú ha utilizado sistemas parecidos a los adoptados por el Estado español".

El 20 de noviembre de 1984 el pediatra Santiago Brouard, dirigente de Herri Batasuna, es muerto por dos hombres en su consulta médica de Bilbao, mientras se halla atendiendo a una niña de pocos meses. El atentado fue reivindicado por el GAL, que, hasta entonces, sólo había actuado en el norte vasco.

Militante infatigable y amigo de muchos miembros de ETA, su muerte provocó condenas unánimes de todos los partidos políticos y también del Gobierno español, que anunciaría su "firme voluntad de aclarar plenamente la autoría de este injustificado crimen".

Tras muchísimos años de retrasos y entorpecimientos legales para el correspondiente juicio –con un constante relevo de jueces–, aquel "crimen" quedaría sin embargo, como todos los de ese mismo carácter, sin aclarar. Hubo un único condenado, como si éste hubiese actuado solo, pese a que la enfermera de la víctima había reconocido al acompañante, que por cierto era un colaborador del Comisario General de Información. Otro testigo había identificado también a un segundo colaborador, que logró huir del Estado español gracias a la documentación falsa suministrada por el teniente coronel de la Guardia Civil, Rafael Masa.

A la muerte de Brouard le siguió una huelga general en todo el sur vasco y fue motivo también, ante el Ayuntamiento de Bilbao, de la mayor concentración de protesta registrada nunca en el País.

En abril de 1985, el diario parisino *Le Monde* publicaba un reportaje sobre el GAL en el que revelaba la connivencia entre el mercenario francés responsable y miembros de la Guardia Civil en Bilbao.

A su vez, la ya citada revista *Euskadi* publicaba en su número del 18.4.85 un documentado reportaje titulado "Tras la pista de los GAL", donde se concluía que "el GAL es un elemento más de una estrategia antiterrorista proyectada desde ciertos sectores del aparato del Estado español, un apéndice de un plan global preparado minuciosamente, una estrategia basada en la lucha contrainsurgente utilizada en otros países con los que han mantenido contactos los mandos de la lucha antiterrorista. El último paso de cara a la 'normalización' del País Vasco es la consecución de un enfrentamiento civil fomentado por atentados sectarios y por una sibilina guerra sicológica".

Uno de los mayores atentados del GAL es el realizado en septiembre de 1985 por varias personas en un bar de Bayona frecuentado por refugiados vascos, matando a cuatro de ellos e hiriendo a varios más. Dos miembros del comando son detenidos poco después y los resultados de esta detención, como las de otras de mercenarios del GAL, demuestran cada vez más contundentemente que quienes mueven la "guerra sucia" se encuentran en Madrid. Pero París no parece mostrar la misma indignación manifestada en años anteriores.

El primer ministro francés, Laurent Fabius, en una entrevista televisada en abril de 1986 afirma que la idea de eliminar físicamente en su territorio a los militantes vascos "no me sorprende y esta decisión no he tenido que tomarla yo y no la he tomado, pero, si hubiera debido hacerlo, lo habría hecho".

En las mismas fechas hubo medios de comunicación franceses que, por el contrario, dieron la voz de alarma. El programa

Magazine de la Antenne 2 de televisión francesa, bajo el significativo título de "Les mains sales" ("Las manos sucias") emitía un reportaje de una hora de duración sobre el GAL. Tras la escalofriante descripción de la serie impune de atentados de este grupo en el País Vasco norte, presentaba el testimonio de varios policías y mercenarios que implicaban directamente al Estado español en su organización. El interesantísimo programa lo transmitió a los tres días la televisión vasca en esta lengua, pero no fue emitido en español ni por la televisión vasca ni por la española.

El reportaje empezaba por señalar las dificultades encontradas para su realización ya en el propio suelo francés:

"Hemos solicitado una entrevista al Comisario de Biarritz, pero el Ministerio del Interior nos la ha prohibido. Lo mismo con la Policía de Burdeos, Pau y Bayona. En los más altos niveles, la Justicia y la Policía francesas han rechazado toda colaboración respecto a este reportaje sobre el GAL. Tenemos derecho a preguntarnos por las razones de ese silencio". Un interrogante realmente pertinente, como el tiempo confirmaría.

El periodista Santiago Aroca, de la revista *Tiempo,* diría por su parte en la emisión de Antenne 2 que desde el inicio de sus investigaciones sobre el GAL se estaba encontrando "frente a numerosos problemas jurídicos y toda suerte de complicaciones y de situaciones delicadas. No soy candidato al suicidio –añadía– y no tengo alma de héroe. Mi semanario ha decidido enviarme a Bruselas como corresponsal en la CEE".

Cuando el entrevistador francés consigue, venciendo grandes dificultades, hablar con el policía González Pacheco, torturador franquista sospechoso de ser uno de los organizadores del GAL, éste declararía: "Yo no soy más que un mandado. Id a ver al Rey, al ministro del Interior. Yo pago los errores de mis superiores".

También se entrevista en el reportaje a José Luis Espinosa, presentado como "ex colaborador de los servicios secretos españoles y del Batallón Vasco Español", quien, a la pregunta sobre la organización del BVE y del GAL, responde:

"En el Batallón Vasco Español o en el GAL, las cosas suceden como en todas las policías paralelas. Como, por ejemplo, bajo De Gaulle con el SAC, o con los "Barbouzes" en Argelia. En todas las organizaciones, todas las policías paralelas del mundo funcionan según el mismo principio, que consiste en pagar a mercenarios o a colaboradores para una acción, o incluso a delincuentes".

"En cuanto a las acciones, no puedo decir nada, porque nunca hay más de tres o cuatro personas que estén al corriente, que son las que van a ejecutar el atentado o a prepararlo conmigo. Ustedes llaman a eso 'atentados', pero para nosotros son 'acciones'. Ustedes polemizan sobre eso, pero no... no sonría usted, eso es así. Para nosotros se trata de una 'acción', de un 'trabajo". El periodista francés le completa la frase preguntando: "¿...sucio?". Y Espinosa contesta: "No, la suciedad es asunto del Estado que nos paga".

Otro de los entrevistados es el sargento de la Guardia Civil José Luis Cervero Carrillo (de quien por cierto la revista *Interviú* publicaría luego una reveladora entrevista a la que hemos aludido más arriba), que diría: "Barrionuevo tiene como jefe de gabinete a un cabo de la Guardia Civil que se llama Manuel Pastrana Griñón y que ya en tiempos de Franco estaba en los comandos paralelos de la Policía. Hoy dirige acciones del GAL con la ayuda de su jefe inmediato, el capitán Félix Hernando, y la de Cassinello y de Santamaría y la complacencia del ministro Barrionuevo".

"A González Pacheco le conozco. Participamos en una acción contra miembros del GRAPO en La Coruña. Por lo que sé, forma actualmente parte del GAL. Dirige y organiza grupos parapoliciales".

"¿Al servicio de quién?", le pregunta entonces el periodista. "Del ministro del Interior –responde–. Está en él oficiosamente. Actúa en el Ministerio del Interior a través del servicio de operaciones especiales. Me lo dijo el propio Pastrana Griñón".

El último de los entrevistados como "incontrolados" en el reportaje francés es un policía en activo que prefiere no dar su nombre y que trabaja en los servicios de información. A la pregunta de "qué es el GAL", contesta:

"Cuando el nuevo equipo del Ministerio del Interior y el ministro con el equipo socialista se ocuparon del problema de la lucha antiterrorista, todos sus colaboradores, que son los mismos de antes, recibieron carta blanca para luchar contra ETA por todos los medios. Entonces fue cuando misteriosamente apareció el GAL. En realidad, no apareció misteriosamente; fue creado por la Policía, que reclutó algunos antiguos miembros del Batallón Vasco Español o de sus contactos y todo volvió a empezar".

El periodista interviene para preguntar: "¿Quién ha creado verdaderamente el GAL? ¿Puede usted citar nombres en el Gobierno?".

"Por lo que respecta al Gobierno –responde el policía–, el GAL se ha constituido en la Junta de Seguridad, donde se encuentran todos los jefes de la Policía. En esa reunión participan el general Cassinello, comisario de Información, el director de la Seguridad del Estado, que entonces era Rafael Vera, y uno de los colaboradores del director de la Policía, Francisco Álvarez Sánchez, que era muy próximo a Conesa y es él quien ha dado su sigla al GAL, quien ha encontrado la apelación 'GAL".

Tras entrevistar a Francisco Álvarez Sánchez junto a su jefe Julián San Cristóbal, el comentario final del reportaje francés corrió a cargo del juez Juan Alberto Belloch, quien, por cierto, años más tarde, en 1993, habría de llegar a ministro de Justicia y también de Interior, y cuyas palabras fueron entonces:

"El único corporativismo evidente, el único verdadero partido político es el de los ministros del Interior, siempre coherente. La impresión que ello me produce es que esa cohesión no existe solamente más allá de las diferencias entre opciones políticas sino también más allá de las diferencias entre países. Es un corporativismo notable de los ministros del Interior y, desde luego, de los servicios de información. Por otra parte, es difícil saber dónde empiezan los unos y dónde acaban los otros".

Y el reportaje termina: "En España, son raros los testigos que se atreven a hablar sin temer por sus vidas. En Francia, el mutismo total de las autoridades es significativo. Hay una entente, una complicidad evidente".

Las palabras del director para la Seguridad del Estado Julián San Cristóbal en ese reportaje en el sentido de que no hay relación entre la Policía española y el GAL, le hacen declarar al ministro francés del Interior Charles Pasqua en mayo de 1986: "Desaprobamos completamente la actuación en suelo francés, con desprecio de las leyes, de personas pagadas por un Estado para ajustar sus cuentas en nuestro territorio".

En el País Vasco norte no faltaron desde el principio los testimonios en favor de los refugiados vascos. En octubre de 1985 se inicia una marcha de solidaridad con ellos, que atravesará numerosas poblaciones norteñas. De los intelectuales franceses que en décadas anteriores habían protagonizado importantes batallas humanitarias, pocos son ahora los que rompen el muro del silencio construido entre los dos gobiernos socialistas ante los estragos del GAL.

Entre ellos hay que citar al abogado y escritor francés Denis Langlois, que cuatro años después había de recibir el premio de los Derechos del Hombre de manos de ese mismo Laurent Fabius, entonces ya ex ministro, que había hecho las graves declaraciones que hemos reproducido antes. Tras su participación en aquella marcha de apoyo a los refugiados, escribiría:

"He comido en sus mesas, he dormido en sus casas, he discutido con ellos y el corazón se me ha llenado de esperanza. He descubierto una verdadera comunidad, no una de esas comunidades folclóricas que se exhiben en las vitrinas de los museos. Una comunidad viva, con su lengua, su cultura de ayer y sobre todo de mañana.

Un pueblo donde la solidaridad, la amistad, la fraternidad no son sólo palabras. Una comunidad donde se estrechan lazos cuando el peligro está ahí, donde se canta y baila habitualmente, no sólo a modo de fiesta, sino para sentir profundamente que se existe".

El número de víctimas mortales del GAL desde su creación llegó a alcanzar nada menos que las 27, además de numerosos heridos. Eso supuso prácticamente una tasa de un muerto por mes, una elevada productividad que presupone la participación de varias decenas de personas y la aportación de abundantes fondos.

El final de la actividad parapolicial del GAL se produjo con motivo del triunfo electoral de la derecha francesa en las elecciones de marzo de 1986 y el inicio de la llamada "cohabitación". El Gobierno francés recién nombrado, como hemos indicado ya en otro lugar, solicitó a las autoridades españolas el final del siniestro grupo a cambio de entregarles directamente y sin intervención judicial todos los refugiados vascos que deseasen, como así empezó a hacerse.

Esto explica el que la última acción del GAL se haya realizado precisamente en febrero de 1986, no más. Tras esa fecha tan sólo se registró otra acción más del GAL, la que acabó con la vida de Juan Carlos García Goena, que los posteriores trámites judiciales explicaron como una actuación individual del policía José Amedo Fouce, el principal encausado del grupo. El GAL se había terminado efectivamente en marzo del 86, con el nuevo Gobierno francés.

A partir de la desaparición del GAL, se puede decir que no ha habido una actividad parapolicial permanente. Tal vez hayan existido planes en ese sentido en ciertos despachos, o incluso se hayan dado algunos pasos, pero en todo caso éstos no se han plasmado, como en épocas anteriores, en una acción mortífera continuada.

El atentado realizado el 20.11.89 en el Hotel Alcalá de Madrid fue una acción que se produjo sin el contexto de otras semejantes, anteriores ni posteriores. El hecho fue que, estando cenando en dicho hotel madrileño los cuatro diputados de Herri Batasuna recién nombrados, con vistas a ocupar sus escaños en el Congreso al día siguiente, dos pistoleros penetraron en el restaurante, matando al joven diputado y periodista Josu Muguruza e hiriendo gravemente al abogado, y también diputado, Iñaki Esnaola.

Señalemos, al menos como curiosidad, el carácter simbólico de la fecha elegida por los organizadores del atentado: el 20 de noviembre de 1936 fue fusilado el líder falangista español José Antonio Primo de Rivera y, casualmente, en la misma fecha de 1975 murió el general Franco. Pero puede no ser casualidad que el 20 de noviembre haya sido también la fecha escogida para matar en atentado a los dirigentes de Herri Batasuna Santiago Brouard en 1984 y Josu Muguruza en 1989.

Josu Muguruza, refugiado en el norte vasco a finales de 1981, había sido entregado a la Policía española por el procedimiento de "urgencia absoluta" en marzo de 1987 y encarcelado durante seis meses. A primeros de 1988 comienza a trabajar en *Egin* como redactor jefe. Miembro de la dirección de Herri Batasuna a partir de mayo, salió elegido diputado al Congreso en las elecciones de octubre de 1989.

Al haber sido refugiado político y tener, en consecuencia, probables conocidos entre los militantes de ETA, es posible que uniese esos contactos a su importante papel tanto en el periódico *Egin* como en Herri Batasuna, lo cual le convertiría en una pieza clave del engranaje contestatario vasco. Como, por otra parte, era una persona muy poco conocida públicamente, puede darse por seguro que sólo fuentes policiales pudieron designarle como blanco del atentado.

El Ministerio del Interior, al dar cuenta de éste, cuidaba de precisar que Muguruza había sido un "muerto accidental", cosa que no coincide con el análisis de la trayectoria de las balas. De cualquier modo, el atentado provocó una de las mayores movilizaciones colectivas en la historia reciente del País Vasco. El presidente del Gobierno de Vitoria llegó a afirmar: "El atentado del Hotel Alcalá puede tener la gravedad y la importancia de un crimen de Estado".

La investigación del caso recayó en un jefe policial de la época franquista. Por otro lado, las balas que acabaron con la vida de Muguruza eran del mismo tipo que unas usadas por el Ejército. Además, dos miembros del servicio de información de la Guardia Civil habían estado vigilando los movimientos de los diputados vascos en una mesa contigua a la que fue objeto del atentado.

Los encausados en el juicio correspondiente, mucho más tarde, fueron un policía y el hijo de un famoso mando del ejército que había participado en intentonas golpistas. El primero sería condenado y el segundo absuelto. Contra toda evidencia, no tenían jefes ni colaboradores. Las investigaciones previas habían afectado a varias personas del Ministerio del Interior y de la Guardia Civil.

A diferencia de los juicios a presos políticos vascos, donde la única prueba suele proceder de las declaraciones hechas en el período de incomunicación del detenido, el Tribunal tomó aquí en cuenta solamente las manifestaciones orales del juicio, ignorando todas las contradicciones advertidas en las declaraciones al juez instructor.

El policía condenado como autor del disparo al abogado herido es claro que no actuaba solo, según prueban varios testigos, habiendo necesitado inevitablemente la ayuda informativa y material de varias personas. Además, la sala consideró que las suyas habían sido actividades fuera de servicio, en horas libres y, en consecuencia, no estableció responsabilidad alguna del Estado. En cuanto al tiro que causó la muerte de Josu Muguruza, quedó sin autor en el juicio[1].

---

1. La publicación de este libro ha coincidido con un terremoto político en el Estado español, al reabrirse de nuevo el caso GAL y realizar los policías Amedo y Domínguez gravísimas y directas acusaciones a sus superiores policiales y políticos. Personajes como Vera, San Cristóbal, Barrionuevo, Corcuera, Damborenea, Jáuregui, y el mismo Felipe González, han sido señalados por la prensa y los políticos de la oposición, como los responsables directos de la trama criminal. Diez años más tarde, se confirman las acusaciones que los vascos venían haciendo reiteradamente.

El tema va para largo, tanto en sus aspectos jurídicos y procesales, como en sus repercusiones políticas. Sin embargo los nuevos descubrimientos no contradicen un ápice de lo expuesto en estas páginas, antes bien, suponen su respaldo definitivo: Fue el Gobierno español quien organizó, pagó, dirigió y ocultó a estos "escuadrones de la muerte" (N. del E.).

La represión extensiva

En páginas anteriores hemos repasado los diferentes aspectos de la represión que podríamos denominar intensiva, es decir, destinada a sofocar con extrema dureza y sin miramiento alguno al sector más combativo de la población vasca, al sector militante.

Pasemos ahora brevemente a la represión más generalizada, destinada a la población disidente pero no militante y a la población en general. Nos limitaremos en esta parte al sur del País, o sea, a la represión procedente de Madrid, ya que la política represiva de París hacia la población vasca es menos extensiva, más selectiva.

El sur vasco ha sido siempre tierra especialmente reprimida dentro del Estado español. En el siglo pasado, el motivo serían las guerras carlistas y el fermento tradicionalista, generalizado en la población vasca, que las alimentaba.

En tiempos de Franco la represión antivasca era patente en muy diversas esferas de la vida. Como botón de muestra, baste decir que de los 11 Estados de excepción proclamados durante el franquismo, nada menos que cinco se limitaron a provincias vas-

Gernika, símbolo de la agresión al País Vasco durante la guerra civil.

cas, otro se dedicó a ellas junto a Asturias, otro sólo a Asturias y los otros cuatro fueron de ámbito general para todo el territorio estatal. Se trata, sin duda, de un indicador limitado, pero creemos que suficientemente significativo de la preferencia franquista por la represión vasca. Otros muchos indicadores alargarían la exposición sin variar las conclusiones.

Lo mismo cabe decir del período de la transición política, regido por la derecha democrática española (UCD). Nosotros centraremos la atención en el período correspondiente al PSOE, repasando el Plan ZEN, la libertad de expresión y las agresiones policiales de carácter aleatorio.

El Plan ZEN

El PSOE, muy escasos meses después de su llegada al palacio de la Moncloa, pone en marcha el denominado Plan ZEN, cuyas siglas significan Zona Especial Norte. Esa "zona" se refiere a las cuatro provincias del sur vasco, con lo cual, por una parte y por primera vez, se reconoce la entidad de ese conjunto cuatriprovincial siquiera sea a efectos policiales; y, por otra parte, se niegan a reconocerle el carácter vasco, prefiriendo un término a todas luces inexacto (¿no sería igualmente "norte" la provincia de Santander?).

El Plan ZEN es un plan policial para luchar contra la disidencia vasca, es decir, contra ETA y cualquier tipo de apoyo suyo, legal o ilegal, material o argumental. La pauta general del Plan es similar a los manuales de contrainsurgencia distribuidos por Estados Unidos desde el final de la guerra mundial para combatir la influencia de los partidos comunistas en los países europeos.

Trata de readecuar las fuerzas policiales para una mayor eficacia en la lucha contra ETA y de ejercer, también en esa lucha, una nueva labor en el terreno de la propaganda, la guerra sicológica y la distorsión informativa. Uno de sus objetivos es establecer relaciones anti-ETA con los sindicatos, partidos y asociaciones de todo tipo para dar más energía y cohesión a la acción. Otro es crear una red de informadores secretos pagados que averigüen las fuentes financieras de ETA y traten de neutralizarlas.

También prevé el lanzamiento en los medios de comunicación de campañas para defender la incompatibilidad de las acciones de ETA con los valores tradicionales vascos, su carácter de delincuencia común y apolítica, los perjuicios de dichas acciones para bienes y personas, su incidencia negativa en la economía vasca y los aspectos positivos de la represión policial, dando cobertura a la tortura y demás abusos. Igualmente apoya la llamada "reinserción social" de los militantes, imitando el modelo italiano de la "Ley del terrorista arrepentido", y una mayor retribución a la Policía.

Una de sus notas características es su poco respeto a la opinión pública, como muestran estos consejos que da: "Atribuir, en los éxitos policiales que se obtengan, parte del mérito a la colaboración ciudadana". "Cuando sufra un atentado un miembro de la Policía, personalizarle inmediatamente y facilitar algunos datos de la esposa, madre e hijos preferentemente". "Dar informaciones periódicas, a través de terceros, que difundan enfrentamientos entre terroristas, sus ideologías foráneas, sus negocios sucios, sus costumbres criticables, etc. Basta que la información sea creíble, para explotarla".

En definitiva, el Plan ZEN pone de manifiesto que el nuevo partido gobernante, el PSOE, fuese por falta de voluntad propia o de margen efectivo de actuación, estaba decidido desde el inicio de su mandato a tratar la cuestión vasca según los mismos parámetros policiales desplegados históricamente por Madrid, sin un enfoque nuevo.

Forzar la opinión

Los anuarios que edita el periódico *Egin* publican la relación de las manifestaciones reprimidas por las fuerzas de orden público. Suele ser una larga y heterogénea relación de concentraciones, asambleas, encerronas y protestas varias que no han sido consentidas por la autoridad gubernativa y cuya lectura detallada demuestra los estrechos límites entre los que discurre la permisividad democrática vigente.

La Policía arremete en el País Vasco contra todo tipo de acciones estudiantiles, obreras y populares: protestas contra el cierre de empresas, la tortura, el fusilamiento de militantes, el servicio militar, la represión, el deterioro ecológico, el tráfico de drogas, las agresiones a los presos, a los inmigrantes, la falta de viviendas, hechos de carácter municipal y urbano, protestas sindicales y mil motivos más, que formarían parte del derecho democrático de expresión en cualquier país europeo, a excepción probablemente de Turquía.

La relación de protestas reprimidas el año 91 comprende un total de 172, el año 92 alcanza las 120 y el año 93 las 186. Pero más significativa que las cifras –elevadísimas para un pequeño país– es la heterogeneidad y amplitud de las expresiones reprimidas.

Las manifestaciones de un signo reciben un trato oficial muy distinto que las de otro, en contra de lo que tendría que ser. Las autoridades apoyan una manifestación favorable a un trazado de autovía y boicotean la favorable a otro, denigrándola en sus abundantes medios de comunicación, cuando no la reprimen violentamente.

Hay en particular un intento constante por parte del Gobierno de Madrid de impedir la celebración de manifestaciones de tipo nacionalista, sea cual sea el lema que motive su convocatoria.

En la actualidad, no se respeta el principio de igualdad que debería amparar a todos los ciudadanos en casi ninguno de los órdenes de la vida colectiva. La libertad de expresión, el derecho a emitir y recibir libremente información veraz quiebra por ambos lados, por el lado de la emisión y por el de la recepción.

Los medios de comunicación verbal o escrita que se desmarcan de las directrices oficiales sufren el acoso económico de las autoridades y, por ejemplo, encuentran cerrado su acceso a la publicidad institucional, cauce importante de financiación en prensa y radio.

Los profesionales de la información, los propios ciudadanos y los representantes políticos son objeto de persecución administrativa y judicial e incluso de detenciones causadas por las ideas vertidas en su actividad.

En el País Vasco son constantes los pasos por los juzgados y dependencias policiales de concejales de ayuntamientos, líderes políticos y militantes nacionalistas por realizar propaganda política en la calle, intervenir en actos públicos, aprobar mociones en ayuntamientos, etc. Cada vez son también más los abogados de militantes vascos que se ven igualmente incriminados en procesos judiciales por su actividad profesional.

Los mismos anuarios del periódico *Egin* a que aludíamos más arriba reseñan también cada año los ataques a la libertad de expresión, los casos de censura de textos, prohibiciones de locales, de tomar la palabra, etc., en el sur vasco. En 1991 vinieron a ser 66 casos, en 1992 pasan a 85 y en 1993 a 90.

Más graves son aún las detenciones por motivos de opinión, también muy elevadas cada año, realizadas en el momento de una pintada o pegada de carteles, de una reunión...

La detención más importante fue indudablemente el encarcelamiento del periodista Javier Sánchez Erauskin, que hubo de pasar un año en prisión en 1983 para cumplir dos condenas derivadas de su trabajo periodístico en una revista nacionalista de la que había sido director varios años. La primera condena se debió a la entrevista hecha por él a las hermanas de dos refugiados vascos, que calificaron a éstos de "militantes, no terroristas". La segunda fue debida a un editorial satírico de la revista, en el que ironizaba acerca de la visita del rey a Gernika en febrero de 1981.

Aquel encarcelamiento demostró con más claridad que nunca que opinar puede también constituir un delito.

Pero no sólo se fuerza la opinión reprimiendo las contrarias. Hay también un ímprobo trabajo realizado por las autoridades en el sentido de deformar los hechos a través de los medios de comunicación propios y de tratar igualmente de que los deformen los medios de comunicación privados que les son más afines por razones políticas o económicas.

Todas las artes de la deformación informativa son válidas: una filtración hábil, una omisión a tiempo, la sobreinformación de un incidente minúsculo, una mentira redonda, la descontextualización de la noticia, la invención pura, el error voluntario, la simple especulación, la analogía o la metáfora impropias, el énfasis indebido, el falso rumor que se difunde, los sutiles corrimientos semánticos, la caricaturización, el eufemismo inocente, la generalización... Realmente un análisis pormenorizado y sistemático del lenguaje en los medios de comunicación influidos por el poder gubernamental sería altamente significativo.

Agresiones caprichosas

A las anteriores formas represivas se les añaden otras más también de tipo extensivo, como son ciertas agresiones parapoliciales y policiales.

Sobre las agresiones parapoliciales o "de incontrolados" hemos hablado ya en otro lugar, pero allí nos referíamos a intentos de homicidio y acciones de consecuencias muy graves dirigidas, al menos intencionalmente, a militantes. Ahora nos referimos a pequeñas acciones que afectan a un sector también activo pero más amplio de la población y con consecuencias menos trágicas.

A título de muestra, exponemos tres de esas acciones, ocurridas a finales del año 90, tal como las relata el correspondiente anuario del periódico *Egin*:

> 25.11.90: Las puertas de la vivienda del vecino de Martutene (Guipúzcoa) Iñigo García y del establecimiento Taberna Berri aparecen con pegatinas en las que se puede leer: "Cobardes. Asesinos. ETA no".
>
> 15.12.90: Desconocidos irrumpen en el local del sindicato LAB de Bermeo (Vizcaya), revolviendo la documentación existente en la sede, llevándose una pequeña caja con un tampón con el anagrama de LAB y las tarjetas de los afiliados.
>
> 18.12.90: HB de Laudio (Álava) denuncia nuevas amenazas en forma de llamadas anónimas de madrugada, vigilancias, seguimientos y envíos de cartas anónimas. Unos meses antes, el alcalde y los concejales de HB recibieron paquetes amenazadores.

Pues bien, este tipo de pequeñas agresiones era muy frecuente en años anteriores. En 1990 llegaron a ser unas treinta, pero en los años posteriores han descendido paulatinamente, marcando un cierto declinar de las actividades parapoliciales, al menos por ahora.

En cuanto a las agresiones estrictamente policiales, las hay de dos tipos: las que cometen los policías durante su horario de servicio y las que cometen fuera de ese horario; estas últimas suelen presentarse como acciones "de incontrolados" cuando no hay identificación policial alguna. Todas ellas son muy numerosas y no cabe hablar actualmente de disminución en esta clase de acción.

Como muestra, describimos cuatro agresiones policiales cometidas dentro del horario de servicio a finales de 1993, tal como las enuncia el anuario de *Egin:*

> 24.9.93: En el barrio bilbaíno de Rekalde, una dotación de la Policía Nacional retira un monolito de homenaje a dos militantes muertos bajo la tortura y arroja pintura sobre un mural relativo a lo mismo.
>
> 27.9.93: Diez miembros uniformados de la Policía Nacional irrumpen en la Herriko Taberna del barrio bilbaíno de Santutxu (Vizcaya), persiguiendo a un grupo de manifestantes. Los agentes se dedican a registrar la taberna, a arrancar carteles y a identificar a clientes y trabajadores, los cuales no tienen relación alguna con aquellos manifestantes.
>
> 27.9.93: Un policía de paisano esgrime su pistola y amenaza al senador de HB José Luis Elkoro y al parlamentario José María Olarra, en el momento en que éstos se acercan a un grupo de agentes para interesarse por una detención que se estaba practicando en una calle de San Sebastián. El policía arroja al suelo la acreditación de senador de Elkoro y, en el cruce de palabras posterior, le amenaza con frases como "vais a caer todos" y "no matamos más porque no podemos".
>
> 5.10.93: Varios jóvenes son cacheados en plena vía pública, en Bilbao, durante la visita de los reyes de España. En una de estas actuaciones, dos jóvenes que se dirigen hacia el Museo de Bellas Artes con una bandera vasca son parados por agentes policiales, quienes les obligan a quitarse las pegatinas que portaban y a comérselas.

Esta clase de agresiones injustificadas u otras similares se vienen repitiendo en la geografía vasca permanentemente. En 1993 hay reseñadas unas setenta de ellas, en 1992 unas cuarenta y en 1991 otro tanto.

A veces las víctimas, más o menos militantes, simpatizan con el nacionalismo radical, como ocurre probablemente en los ejemplos enunciados. Otras veces, en cambio, son personas corrientes de cualquier ideología. Esto sucede, por ejemplo, en los altercados provocados por policías de paisano en salas de fiesta, durante sus horas de descanso, o cuando se tiene la mala suerte de pasar junto a un grupo de policías demasiado animados en lugares un poco apartados, etc.

Debido al poco aprecio de la población vasca a los cuerpos policiales y Guardia Civil, sus miembros suelen vivir en una situación desagradable, mal vistos en la calle, en sus barrios, a la hora de las compras, en la relación de sus hijos con los de los vecinos, etc. La reacción un tanto paranoide a que ello termina por conducir ha sido bautizada públicamente como "síndrome del norte", con consecuencias en varios tipos de desequilibrios, de enfermedades, reacciones desproporcionadas, suicidios frecuentes...

Aunque los policías reciben un importante sobresueldo por trabajar en el sur vasco, muchos de ellos tienen solicitado el traslado a otras zonas del Estado; pero tantos traslados no pueden ser atendidos a la vez. Esta situación de escaso equilibrio emocional es mala consejera para la relación de estos policías con la población vasca.

Del mismo modo que el Estado español atribuye al País Vasco el origen de todos sus males e impotencias, focalizando históricamente su mirada y sus desvelos sobre estas provincias, igualmente sucede, a escala individual, que los policías ven en ellas la causa de sus desgracias y descargan allí como pueden todos sus odios.

Inversamente, la lucha contra la represión es una de las luchas más amplias y tradicionales del País Vasco, con constantes movilizaciones y gestos de solidaridad con los afectados. Por limitarnos, como en otras ocasiones, a un solo indicador, muy general y representativo, las últimas huelgas generales antirrepresivas han sido las cuatro siguientes:

26.9.84: Contra las extradiciones concedidas por Francia.

22.11.84: Contra la muerte del dirigente Santiago Brouard por el GAL.

18.12.85: Contra la muerte de Mikel Zabalza a manos de la Guardia Civil.

22.11.89: Contra la muerte en Madrid del diputado Josu Muguruza.

Para comprender el enorme impacto en la población de la represión gubernamental y la indignación permanente que suscita, hay que tener en cuenta que estas huelgas generales fueron seguidas masivamente por toda la población de las cuatro provincias.

No hemos contabilizado aquí, pues, las numerosas huelgas locales antirrepresivas (de un solo pueblo o comarca) ni las que han sido seguidas de una manera parcial, sino sólo las huelgas generales secundadas por todos los sectores. Es éste un fenómeno de altísimo significado social y que no se produce en absolutamente ningún país de Europa.

Impunidad de los funcionarios españoles

Porque el verdadero problema no es tanto que los funcionarios torturen, maten a los militantes, peguen palizas a los presos o cometan importantes fraudes económicos. Éstos serían hechos que podrían producirse de manera aislada también en otros Estados democráticos, sin que planteasen un problema grave.

El problema de estos hechos se hace grave cuando el Estado no los combate sino que los encubre. A partir de ese momento, y no antes, el hecho se habrá convertido en un verdadero problema. Sencillamente, porque con toda seguridad volverá a repetirse.

¿Cómo reacciona el Partido Socialista ante un caso de torturas, ante la liquidación física de un sospechoso de militar en ETA? ¿Condenando la acción y tratando de descubrir a sus autores? ¿O quitándole importancia e, incluso, negando el hecho mismo?

Si la reacción es la primera, la democracia no quedará en entredicho, ni siquiera aunque esas actuaciones clandestinas de los funcionarios se hayan producido efectivamente. Si la reacción es la segunda, la democracia misma estará puesta sin duda en cuestión.

Cuando la acción ilegal del funcionario es condenada oficialmente, la iniciativa no habrá partido de las alturas. Cuando esa acción ilegal es encubierta por las autoridades, eso significa que la orden de ejecutarla procedía de arriba. Como además se ha escrito con acierto recientemente: "En país ocupado, las leyes son siempre papel mojado".

El periódico *Deia,* propiedad del PNV, editorializaba así el 14.2.81: "Cualquier Gobierno que haga la vista gorda a una muerte como consecuencia de torturas se ensucia de la misma forma que el funcionario que golpea, maltrata y abusa de su autoridad, y se está riendo de su propia Constitución, que garantiza los derechos fundamentales de los ciudadanos. ¿O es que el fascismo todavía no ha muerto?".

Su directivo L. A. Aranberri escribía igualmente al día siguiente: "Verdaderamente, a un Estado que practica el terrorismo en su interior es difícil atribuirle la capacidad legal y la fuerza moral para denunciar el terrorismo de origen popular, con todos los perjudiciales desconciertos que esa falta de respeto pueda generar en la sociedad".

El encubrimiento del Estado español a los funcionarios que cometen acciones ilegales a su servicio afecta tanto a los torturadores como a los que "tiran a matar" sin necesidad, a los que golpean a los presos e incluso a los estafadores.

La tortura es una institución que –como se ha dicho ya– sólo tiene sentido si no puede ser probada, ya que, si pudiese serlo, sería rechazada vivamente por la población y no podría realizarse más.

Es prácticamente imposible probar que uno ha sido torturado y los funcionarios tienen buen cuidado de ello, cubriéndose el rostro a sí mismos o al detenido, tratando de no dejarle marcas (por eso se emplean tanto métodos como la "bañera" o los electrodos) y tomando todo tipo de precauciones perfectamente experimentadas.

Cuando el torturado, recién salido de su calvario infinito, con el horror y el espanto todavía dentro de los huesos, se presenta ante el juez, trata de contarle como puede lo sucedido. Pero la cara impermeable del juez, sin pestañear ni reaccionar, indiferente y aburrido ante una historia espeluznante mil veces escuchada, constituye el preaviso inconfundible de cuál será el futuro de su denuncia.

Por parte de los jueces, su desidia no se manifiesta sólo ante los relatos de verdadero terror sino también muchas veces ante el estado lamentable en que las víctimas llegan a su presencia, destrozados físicamente, con hematomas y heridas, con temblores y desvaríos, en ocasiones sin apenas posibilidad de expresarse...

Es lógico que el Gobierno no quiera dejar en la estacada a un funcionario que ha cumplido celosamente con su deber (sobre todo por el efecto desmovilizador que ello tendría en el cuerpo de torturadores), pero el hecho es que el encubrimiento oficial de la tortura no puede ser en el Estado español más neto y claro. Nos remitimos a los reiterativos informes de Amnesty International citados en el capítulo 6.

En los cientos de torturas habitualmente denunciadas, lo más frecuente con gran diferencia es que no llegue siquiera a haber juicio. Entre toda esa inmensa masa de denuncias efectuadas en la última década, sólo ha llegado a haber una media docena de juicios. Cuando éste tiene lugar, se realiza con retrasos de muchos años y con la sala llena de policías para impedir la presencia de otras personas, y, en general, carece de sentencia condenatoria. En el caso excepcional de que ésta se produzca, lo más probable es que el Gobierno conceda un indulto especial a los torturadores.

Cabe decir, en resumen, que la tortura puede considerarse en el Estado español como un delito prácticamente impune, tal como han denunciado reiteradamente varios organismos internacionales.

Y la impunidad, como es muy lógico, no se limita a una de las actividades clandestinas de los funcionarios –la tortura– sino también a las demás. Los policías que matan a tiros a una persona innecesariamente, es decir, fuera de las exigencias de un enfrentamiento armado, han de verse también a cubierto de una posible inculpación. De hecho, ninguno de los numerosos casos de fusilamientos encubiertos a que hemos aludido antes ha tenido consecuencias judiciales para sus autores, y la primera medida preventiva que toman las autoridades es no facilitar a nadie sus nombres.

Los funcionarios que "tiran a matar" no son condenados, como no lo son los que dan palizas a los presos políticos vascos ni tampoco los que intervienen en actividades parapoliciales para matar clandestinamente a militantes.

En este sentido, la máxima desvergüenza por parte de las autoridades españolas ha sido sin duda el encubrimiento de los numerosos funcionarios que tomaron parte en la trama del GAL, que ya se ha descrito antes.

Tanto en Portugal como en Francia, una serie de pruebas evidentes hicieron que se celebrasen varios juicios contra algunos colaboradores del GAL y sólo esa ineludible presión externa hizo que el Estado español se viese obligado a aparentar la represión del GAL en un juicio contra dos policías: José Amedo y Michel Domínguez.

Felipe González, en sus declaraciones del 29.7.88 ante una prensa ansiosamente interesada por un tema tan escandaloso, diría bien explícitamente que: "Pese al esfuerzo de algunos, no va a haber ninguna demostración de implicaciones del aparato o funcionarios del Estado con los GAL". Para concluir a los pocos momentos: "El Estado de Derecho se defiende en las tribunas y en los salones y también en los desagües. En cuanto se tenga la madurez para comprender que los desagües operan dentro del edificio del Estado de Derecho, habremos superado estas discusiones".

El 21.6.90, el que había sido fiscal general de Estados Unidos entre 1963 y 1969, Ramsey Clark, afirmaría en un viaje suyo a Madrid que "el Gobierno español es culpable de ayudar y apoyar a los GAL". Y también el abogado y ex ministro portugués José Sanches Osorio diría el 5.10.91: "Estoy seguro de que Barrionuevo y Felipe González sabían del GAL, aunque jurídicamente no está probado".

El proceso del "caso Amedo", a mediados de 1991, fue una clara demostración de los límites del Estado de Derecho cuando los investigados son los propios aparatos el Estado. El juez instructor, Baltasar Garzón, al reflejar el organigrama del GAL elaborado según sus propias investigaciones, había dibujado sobre la pirámide una elocuente equis, cuya verdadera identidad nunca llegaría a descubrirse.

En el juicio, como en un teatro de lo absurdo, los dos policías parecían carecer de jefes y colaboradores, a pesar de las múltiples evidencias de colaboraciones aparecidas en los diferentes medios de comunicación y en los juicios habidos en Francia y Portugal. En cuanto a las fuertes sumas invertidas en las matanzas, sobre todo para pagar a los mercenarios, nadie aclaró de dónde procedían. Si en alguno de los momentos del juicio alguien aludía a los "fondos reservados" del Estado, las autoridades se precipitaban a declarar que dichos fondos, por su propia naturaleza, no podían ser investigados. El juicio consiguió reducir el "caso GAL" a "caso Amedo".

Capítulo 8

Movimientos sociales, democracia participativa

Una de las notas tradicionales de la sociedad vasca es su carácter altamente participativo. El País Vasco tiene desde siempre una densidad asociativa extraordinariamente alta, plasmada en el mundo deportivo, en las aficiones, las artes, el aprendizaje, la gastronomía, caza y pesca, actividades culturales, religiosas, festivas, etc. Cualquier motivo es bueno para crear una sociedad y reunir a un grupo de socios motivados por un mismo interés.

La actividad colectiva y el interés por cuestiones colectivas son posiblemente herencia de una civilización de montaña en que la ayuda mutua –tan ajena a las tradiciones liberales e individualistas– constituye una condición indispensable para la supervivencia, pero, lo sean o no, marcan fuertemente la vida social de este País.

La contestación vasca en el terreno estrictamente político sería incomprensible sin conocer la contestación desarrollada en otros terrenos sociales, no políticos, o no estrictamente políticos. Muchas han sido las iniciativas surgidas en los últimos decenios para enfrentarse a algún problema ecológico, a alguna necesidad local, e incluso a algún tema de envergadura.

En las siguientes líneas haremos un repaso a algunas de las principales movilizaciones registradas desde la transición política de mediados de los setenta, que a su vez son continuación de otras anteriores desarrolladas durante el franquismo.

En efecto, si el inicio de los años sesenta señala el nacimiento de la organización ETA, que tanta importancia ha tenido en la lucha por la soberanía del País, también señala el nacimiento de otros dos grandes fenómenos sociales, menos conocidos fuera de nuestro territorio: las ya mencionadas escuelas en lengua vasca, sobre las que volvemos enseguida, y el cooperativismo de Mondragón.

Hacia 1960 se desarrolla en la localidad guipuzcoana de Mondragón, el embrión de un *movimiento cooperativista* que, al cabo de los años, pasaría a figurar entre los más sólidos y originales del cooperativismo mundial, plasmación fecunda del espíritu tradicional vasco de contar con los propios recursos, y que en la actualidad da trabajo nada menos que a una quinta parte de la población laboral del sur vasco, abarcando desde la producción industrial y el sector primario de la economía hasta los sectores de distribución y servicios. Se ha extendido a todo el territorio vasco e impulsa un relativo igualitarismo, económico y decisorio, que trata de ser realista.

Aun cuando se le han de reconocer deficiencias, el movimiento cooperativista de Mondragón se basa en valores fuertemente arraigados en la sicología de las zonas industrial-rurales y semiurbanas en que nace: dinamismo, iniciativa, creatividad empresarial, apego al trabajo, valoración de la organización y de la disciplina, espíritu de ahorro y oposición a todo despilfarro, sentido colectivo, amor a lo vasco, aprecio del rigor y de la perfección, de la obra bien terminada, independencia, escepticismo respecto a las grandes organizaciones verticales, incluso cierta desconfianza general y un pragmatismo vagamente soñador.

El apoyo a los *presos y represaliados* políticos vascos ha sido otra inagotable fuente de esfuerzos colectivos, de movilización popular y de creación de asociaciones. Entre estas últimas cabe destacar actualmente a las Gestoras pro-Amnistía (1976) y Senideak (Los Familiares, 1991), que durante años han apoyado incansablemente a todos los represaliados por causa de su lucha por la soberanía vasca, asistiéndoles en la defensa de sus derechos y en su situación material, generalmente muy precaria.

La defensa de la amnistía se constituye en los años de la transición en la mayor fuente de movilización popular, plasmada en las famosas "Semanas pro Amnistía", así como en constantes actuaciones colectivas de todo tipo.

Tan fuerte fue la lucha por la amnistía que el presidente del PNV, Xabier Arzalluz, declararía el 19.3.77: "La amnistía no es consecuencia de las negociaciones de políticos o partidos con el Gobierno, sino consecuencia de la lucha y presión popular". La amnistía no se logró hasta finales de 1977, es decir, hasta dos años después de la muerte de Franco, y tras una colosal movilización popular.

La lucha contra las *drogas* arranca por su parte desde finales de los años setenta. En esa época aparece claro que en el sur vasco la drogadicción presenta una densidad mucho más alta que en las otras zonas, menos combativas, del Estado español, que está sirviendo objetivamente para apartar a muchos jóvenes de la acción política y que incluso hay pruebas de que la Policía contribuye a introducirla, tanto por este último motivo como para pago de confidentes e incluso a veces para simple provecho propio.

Han sido numerosas las asociaciones contra la droga que se han creado, como Proyecto Hombre (1985) y Askagintza (1988), siendo su principal soporte los familiares de drogadictos. La ayuda mutua entre ellos ha prendido con rapidez, siempre entre muchos sacrificios de cada familia, y se ha conseguido paliar en gran medida este terrible mal. Una de las actividades de ETA desde 1980 se ha centrado precisamente en este sector, habiendo intervenido muy frecuentemente contra los distribuidores de droga, con el aplauso de los familiares de drogadictos.

Defensa colectiva de la lengua vasca

Al principio de la década de los sesenta toman fuerza las escuelas en lengua vasca o ikastolas, a que se ha aludido ya en el capítulo 2. Aquellas escuelas clandestinas, nacidas en pleno rigor franquista, se extendieron por toda la geografía vasca para impartir la enseñanza en una lengua que de otro modo se veía en grave peligro de extinción. En la década de los sesenta se extendió por el sur del País Vasco y en la de los setenta por el norte. La importancia de su implantación fue tal que a principio de los años noventa uno de cada cinco niños en edad de escolaridad obligatoria cursaba sus estudios en estas ikastolas.

Eran escuelas privadas –que últimamente han cambiado su *status* jurídico– creadas y mantenidas con el ingente esfuerzo de millares de familias que se desvelaban durante años con sus aportaciones económicas, con su asistencia a frecuentes reuniones, corriendo riesgos y sacrificando muchos ratos de ocio a esta tarea colectiva de defensa lingüística.

El movimiento vasco de "ikastolas" no tiene comparación posible con ningún otro fenómeno similar, con ninguna otra red escolar surgida por iniciativa privada en otro país europeo, ni por motivaciones lingüísticas ni por motivaciones de otra índole.

En el tema de las ikastolas, además de ese esfuerzo continuo que ha supuesto para una parte de la población su creación y mantenimiento, hay que citar otro fenómeno colectivo, más amplio en cuanto a la población afectada y más puntual en el tiempo, que es el de las fiestas anuales que se organizan para ayudar en la financiación de estas escuelas.

Una vez al año, cada provincia vasca celebra en un domingo la fiesta de sus ikastolas, y para ello se organiza un paseo de varios kilómetros en una localidad de esa misma provincia, paseo que recorren todos los simpatizantes de la lengua vasca y de las ikastolas, pagando al mismo tiempo una cantidad de dinero por cada kilómetro recorrido. Acompañan la marcha atracciones infantiles y juegos. Existe una de estas marchas para cada una de las cuatro provincias del sur vasco y una quinta para todo el norte.

Si las ikastolas se dedican a la enseñanza de la lengua vasca a la población infantil, los denominados *euskaltegis* ("lugares de la lengua vasca") imparten esa enseñanza a la población adulta, enseñándola a quienes no la conocen y alfabetizando en ella a quienes sí la conocen pero en un nivel deficiente. Son, pues, escuelas de vasquización y alfabetización de adultos, y también a ellas hemos hecho ya alusión en el capítulo 2.

Las escuelas de vasco para adultos cuentan a su vez con una amplia red de locales que cubren toda la geografía vasca y han surgido, al igual que las ikastolas, gracias al entusiasmo popular, particularmente al que suele desencadenarse en apoyo al idioma.

Como hemos indicado en dicho capítulo 2, estas escuelas han sufrido el total abandono por parte de las autoridades, incluidas las autonómicas, que durante muchos años no han querido respaldar esta valiosísima aportación popular. La razón de ese abandono ha estado en que gran parte de los organizadores de esta red escolar se sitúan políticamente frente a los partidos gubernamentales.

También esta red escolar para adultos organiza su fiesta anual sobre la base del "paseo pagado". En este caso se recorre la totalidad del País Vasco, norte y sur, y el paseo se hace corriendo físicamente tras un emblema escrito que simboliza cada año el anhelo popular en torno al idioma. Esta importante movilización se llama *Korrika,* lo que significa "corriendo".

En diciembre de 1990 aparece el primer número de *Euskaldunon Egunkaria* ("el diario de los vascos"), un periódico diario escrito totalmente en lengua vasca. Sólo existía un antecedente de corta duración en la época de la Guerra Civil. Una vez más, el esfuerzo para su puesta en marcha corresponde a varios millares de personas particulares, que han puesto unos su dinero y otros su participación activa, ilusionadas por esta nueva aportación a la causa de la lengua vasca. Pero, también en este caso, como en el de las escuelas vascas para adultos y por la misma razón, las autoridades se han negado durante mucho tiempo a prestar su apoyo al periódico, pese a que éste goza de una apertura de criterios redaccionales muy superior a la de todos los demás periódicos existentes.

Tanto las ikastolas como la escuelas para adultos cubren todo el territorio vasco, sur y norte, y el periódico se distribuye igualmente en todo él.

Otra iniciativa desde la base que debemos mencionar dentro de las relativas a la lengua vasca, es la desarrollada desde 1989 para crear un núcleo de municipios que funcionen en esta lengua, los autodenominados *municipios vascoparlantes,* de que hemos tratado ya al final del capítulo 2.

También habría que citar aquí las demás realizaciones populares a que aludíamos en aquel capítulo, como la UEU (Universidad de Verano en lengua vasca), el semanario *Argia* y demás productos del esfuerzo popular en el terreno del idioma.

El periódico *Egin*, una experiencia insólita

A fines de 1977 aparece a la luz el primer ejemplar del periódico *Egin*, que constituye un ejemplo único en Europa de prensa creada por una amplia iniciativa popular; su aparición había sido precedida de una intensa y extensa campaña pueblo por pueblo, dedicada, por un lado, a explicar la necesidad de un periódico joven, vasco, abierto, que expresase los puntos de vista del nacionalismo de izquierda y, por otro, a recaudar los fondos necesarios para su puesta en marcha.

Cada participación en el capital tiene un tope máximo de pesetas, con el fin de evitar que el periódico resultase dirigido por un reducido número de accionistas. Las participaciones logradas son muy numerosas, sobrepasando las 20.000 personas y acercándose en sucesivas campañas a la cifra de 30.000. Los accionistas quedan representados en las asambleas de modo colectivo: quienes llegan a reunir un millón de pesetas designan a un representante, a veces rotativo, para las asambleas.

El carecer de grandes accionistas confiere a *Egin* una característica muy peculiar en comparación con el resto de la prensa europea: ningún capitalista es lo suficientemente poderoso en la empresa como para interferir su línea informativa, vetar una denuncia o imponer un artículo. Ello proporciona a la dirección del periódico una libertad totalmente inusual, que le permite dar a conocer sin más cortapisas que las legales tanto temas tabú (tortura policial, corrupción...) como situaciones de opresión (euskara, soberanía vasca, mujer, ecología, trabajadores...).

La existencia de *Egin* no sólo ha supuesto el conocimiento público de ciertas realidades ocultas sino que además ha marcado y condicionado indirecta pero profundamente el trabajo de los restantes medios de comunicación. De no ser por *Egin*, los demás periódicos, las radios y las cadenas televisivas habrían podido silenciar o atenuar las informaciones que disgustan a los poderes dominantes en la sociedad.

Otra característica propia de este periódico ha sido siempre la gran cantidad de llamadas que recibe directamente de la calle, dando a conocer de manera segura hechos o versiones que de otro modo habrían quedado silenciados o tergiversados.

Ante el reiterado intento de criminalizar el periódico *Egin* y de cerrarlo mediante el ahogo económico, una multitud se manifiesta en Bilbao el 18.12.1993.

Las instituciones han dificultado con toda energía la vida de este periódico anómalo, mediante multas, boicot publicitario, juicios, secuestros e incluso intentos de cierre. Pero sin éxito.

Paralización de la central nuclear de Lemoiz

La movilización popular en contra de la central nuclear de Lemoiz, en Vizcaya, se ha caracterizado por su larga duración, por su enorme amplitud, por haberse visto rubricada con la acción armada de ETA y, finalmente, por la consecución de sus objetivos: la peligrosa central, situada a 17 Kms. de un núcleo poblacional de un millón de habitantes (el Gran Bilbao), ha sido paralizada provisionalmente en 1982 y definitivamente en 1994, lo que se celebra con grandes fiestas populares. La combinación de las movilizaciones masivas con la acción armada ha logrado en este caso, quizá más claramente que en ningún otro, la realización y plasmación de un deseo popular fuertemente sentido.

En la década de los setenta, la empresa eléctrica Iberduero proyecta levantar cuatro centrales nucleares en territorio del sur vasco: las de Deba (Guipúzcoa) y Tudela (Navarra) serán impedidas por las respectivas autoridades provinciales y la de Ipazter-Ea (Vizcaya) tampoco logra el despegue, pero la de Lemoiz (también Vizcaya) consigue dar sus primeros pasos y avanzar en la construcción en medio de irregularidades administrativas, de sobornos y del silencio oficial.

En 1976 se oponen a la central la Comisión para la Defensa de una Costa Vasca No Nuclear y una serie de asociaciones de vecinos, de padres de familia y culturales de la comarca afectada, que logran reunir 150.000 firmas en apoyo a su demanda y organizan las primeras movilizaciones populares, varias de ellas con 100.000 participantes y alguna de hasta casi 200.000 (el 14.7.77).

Pronto se unirán a la acción los Comités Antinucleares, que llegan a constituir una espesa y activa red por todo el sur vasco. Continúan gran número de protestas y manifestaciones, se editan varios documentados *dossiers* informativos y son lanzados manifiestos firmados por artistas y personas famosas. Entre los artistas, el escultor Eduardo Chillida diseña una pegatina, muy popularizada, en contra de la central.

Las autoridades rechazan la petición de un referéndum sobre la cuestión, ya que el primer ministro Suárez (UCD) lo impide aduciendo que la política energética es de exclusiva competencia del Gobierno de Madrid. Pronto (1977) entra en escena la actividad armada de ETA, que realiza a lo largo de los años siguientes unos trescientos atentados contra instalaciones de la empresa Iberduero, ocasionando una docena de muertos entre trabajadores de la central, propios militantes, víctimas pretendidas y víctimas casuales.

En 1979 se realiza una multitudinaria Marcha a Lemoiz, que desemboca en una manifestación de 20.000 personas en la zona de la central, tras haber atravesado todas las provincias vascas, partiendo desde Bayona. Se organiza también un apagón colectivo de luces en numerosísimas casas particulares del País como expresión de rechazo a la construcción de la central y un boicot al pago de las facturas de la empresa Iberduero.

Las autoridades reaccionan pasando a dar al contencioso cada vez más el carácter de cuestión de Estado que de asunto de la empresa Iberduero y en 1980 llegan a declarar zona militar la de la central. A principios de 1981, ETA secuestra a un ingeniero de Iberduero, dirigente de la central nuclear, pidiendo la demolición de ésta a cambio de su vida; las autoridades no aceptan la petición y ETA da muerte al ingeniero, lo que provoca una fuerte conmoción en el País.

El Consejo de Ministros del 15.1.82 decide de modo definitivo no realizar ningún referéndum popular acerca de la central. A mediados de 1982, nuevamente, ETA da muerte a otro alto dirigente de ésta, lo que realmente supone el tiro de gracia en su construcción.

La lucha contra esta central resulta ser una muestra de la dicotomía existente entre la sociedad real y la sociedad políticamente representada. No es sólo una lucha antinuclear sino que, a lo largo de su desarrollo, va pasando a reivindicar la propia soberanía nacional vasca, a poner de relieve el papel político de los movimientos sociales y su relación con las instituciones, a marcar las limitaciones de la democracia representativa impuestas por los intereses de los centros de poder económico y a evidenciar la función disuasiva de la acción armada de ETA.

La democracia basada en intereses económicos minoritarios y en la razón de Estado no es fácilmente compatible con la democracia de la participación popular ni con la voluntad de la llamada sociedad civil de ser protagonista en la vida social y política. Pero contradicciones tan de fondo de nuestra sociedad sólo logran ponerse en evidencia ante casos puntuales como el de Lemoiz en que se aglutina una participación popular fuerte y tenaz.

A los pocos meses de la paralización de la central de Lemoiz, ETA da su conclusión en una entrevista publicada en septiembre de 1982 en la revista *Enbata* de Bayona, al indicar que su acción armada tiene por objeto "que el pueblo vasco recupere una cuota mínima de democracia que le permita autogobernarse y, sobre todo, discutir libremente para establecer, por ejemplo, la política energética que decida para su propio desarrollo y su propio bienestar".

El "no" vasco a la OTAN

La oposición vasca contra la pertenencia a la OTAN empieza prácticamente desde que el primer ministro Calvo Sotelo decreta a mediados de 1982 la entrada del Estado español en este organismo internacional, en una época en que aún el PSOE plantea una moderada oposición a dicha entrada. Las manifestaciones populares contra la OTAN en el sur vasco son reprimidas violentamente por la Policía en varias ocasiones.

A fines de 1985 se crea una coordinadora denominada "Manifiesto por la soberanía nacional del País Vasco, contra la OTAN" que es la que principalmente da coherencia y continuidad a esta acción popular. Su nombre procede de un escrito inicial firmado por personalidades de diversas corrientes políticas, cuyos párrafos inicial y final dicen lo siguiente:

"Estamos contra la OTAN porque la permanencia del Estado español en esta Alianza implicará una intervención estadounidense más directa contra el pueblo vasco, con unas consecuencias en los órdenes político, económico, policial, militar y diplomático que agravarán sin duda las condiciones para la conquista de nuestros legítimos derechos nacionales".

"(...) Desde esta perspectiva nacionalista y antiimperialista, presentamos este Manifiesto al pueblo vasco, solicitando la adhesión al mismo del conjunto de la ciudadanía como muestra de nuestro expreso rechazo a la OTAN, y nos solidarizamos con todos los grupos e instancias que se posicionan y luchan, tanto en los distintos pueblos del Estado español como fuera de él, contra el significado militar, represivo e imperialista de la OTAN".

El Manifiesto organiza numerosísimas charlas explicativas en los pueblos del sur vasco, incluso en los más pequeños, desarrolla actos públicos de todo tipo y organiza grandes manifestaciones y fiestas en las calles de las capitales vascas.

El Gobierno socialista de González convoca para el 12 de marzo de 1986 un referéndum sobre la permanencia del Estado español en la OTAN tras una campaña sumamente engañosa y con una pregunta tan mixtificadora, defensiva e increíblemente retorcida como la siguiente:

> "El Gobierno considera conveniente para los intereses nacionales que España permanezca en la Alianza Atlántica y acuerda que dicha permanencia se establezca en los siguientes términos:
>
> 1.- La participación de España en la Alianza Atlántica no incluirá su incorporación a la estructura militar integrada.
>
> 2.- Se mantendrá la prohibición de instalar, almacenar o introducir armas nucleares en el territorio español.
>
> 3.- Se procederá a la reducción progresiva de la presencia militar de los Estados Unidos en España.
>
> Pregunta:
>
> ¿Considera conveniente para España permanecer en la Alianza Atlántica en los términos acordados por el Gobierno de la Nación?".

Sobre los 29 millones de electores en el Estado español, son 12 millones (el 41%) los que se abstienen; los otros 17 millones votan del siguiente modo: 9 millones "sí", 7 millones "no" y otro millón en blanco. La propuesta gubernamental, extraña en su formulación pero clara en el fondo, sale, pues, vencedora. Sin embargo la incertidumbre previa del resultado y su escuálido final hacen que nunca más el PSOE se haya atrevido a consultar nada en referéndum.

En el sur vasco, siendo dos millones los electores, 700.000 de ellos (el 35%) se abstiene, 830.000 vota que "no", 430.000 que "sí" y 40.000 en blanco. El "no" vence aquí con gran holgura (dos de cada tres votos) y lo hace además en cada una de las cuatro provincias.

El PNV deja teóricamente libertad de voto a sus seguidores y, aunque los dirigentes del partido se posicionan públicamente por el "sí", los resultados demuestran que la mayoría de la base de este partido da su voto negativo a la OTAN.

El "no" es patrocinado por varios partidos de la izquierda vasca, principalmente por Herri Batasuna. Las explicaciones del "no" vasco a la OTAN son varias:

a) La defensa de la soberanía nacional vasca, el rechazo a cualquier atisbo de opresión extranjera, lo que se prueba con la alta correlación positiva, pueblo por pueblo y barrio por barrio, entre el "no" en el referéndum y el conocimiento de la lengua vasca y también entre ese mismo "no" y el nivel de contestación política. La correlación entre rechazo a la OTAN y lengua propia aparece igualmente en Cataluña, que, junto al sur vasco y Canarias, son significativamente las únicas zonas del Estado en que vence ese rechazo.

b) Ligado a la explicación anterior, la presencia norteamericana y de la OTAN se percibe, aún en esa época, como algo asimilado a Franco y a una sociedad reaccionaria y centralista.

c) Los distintos comentaristas explican también parcialmente ese "no" como una protesta frente a la política antivasca del PSOE.

Un aspecto que se debe resaltar en el "no" vasco a la OTAN es el de la unidad política del sur vasco: no sólo las cuatro provincias se inclinan por el voto negativo sino que, además, no lo hace ni una sola de las provincias limítrofes. Una unidad política que el Gobierno español niega al separar Navarra de sus tres provincias hermanas.

La explicación del "no" vasco a la OTAN es, pues, relativamente sencilla si se observan los diferentes fenómenos e indicadores sociológicos que definen a la sociedad vasca. No lo es, en cambio, para las descripciones más idealizadas, como las del escritor Julio Caro Baroja, especializado en antropología vasca, quien, a raíz del resultado de este referéndum, declaraba: "He renunciado a comprender, por falta de capacidad, la manera de discurrir de la gente de este País. Teniendo en cuenta la enorme cantidad de elementos conservadores que hay en el País Vasco, no entiendo esta actitud negativa a la OTAN".

Democracia participativa

Sin duda que entre los movimientos citados hubiese sido necesario incluir cuando menos:

– Las fuertes movilizaciones por la independencia, en las que numerosos ayuntamientos colaboraron con el movimiento popular.

– La lucha por una autovía entre Navarra y Guipúzcoa que no deteriorase el medio ambiente, lucha que concluyó con un acuerdo para un trazado aceptable para ambas partes enfrentadas.

– El movimiento de insumisión al servicio militar, que ha conocido un auge y viveza extraordinarios en el País Vasco.

A todos estos movimientos sociales habría que añadir muchos otros: ecologistas, solidarios con otros pueblos, antirracistas, pacifistas, asociaciones de vecinos, defensores de la igualdad de sexos y de preferencias sexuales, de los parados, de los locales para los jóvenes...

E igualmente otras experiencias más limitadas en el tiempo o en el espacio, como las protestas navarras contra el vertedero de Aranguren o contra el pantano de Itoiz o como las marchas populares organizadas por motivos muy diferentes y que arrastran a millares de personas. También habría que añadir la acción de los trabajadores en contra de la desmantelación industrial y en defensa de un marco económico propio. Pero, sin necesidad de ser exhaustivos, creemos que lo dicho es suficiente para perfilar esta característica del País Vasco.

Todas estas experiencias, unas antiguas y otras recientes, dan en conjunto la panorámica de un País extraordinariamente vivo, activo, asociativo, lleno de iniciativas socio-políticas, muy sensible a los problemas colectivos, deseoso de participar en ellos. Y a un pueblo de tales características, tan claramente dibujadas por toda su historia, no se le puede encerrar en un modelo político puramente representativo, en que, una vez depositado su voto en las urnas, le queda cerrada toda posibilidad de intervención posterior, en un modelo político que niega todo reconocimiento a las asociaciones no gubernamentales, toda audiencia, toda consulta, toda explicación.

Los gobiernos europeos dicen ser representativos de la sociedad, pero, identificando restrictivamente democracia con elecciones, toman al ciudadano no como a un sujeto de derechos sino cada vez más como a un servidor del Estado. Esa soberanía que radica en el pueblo y en sus ciudadanos, los gobiernos la consideran delegada en sí mismos y, cuando el ciudadano trata de ejercitar un derecho, aquéllos lo consideran una agresión al sistema y a sus representantes.

Claro que no es fácil encontrar fórmulas de engarce entre el plano gubernamental y el no gubernamental, precisamente porque el planteamiento de este tipo de democracia es nuevo en nuestros días y necesita ser inventado.

Si la democracia supone la atención de los deseos populares, no cabe pensar en el mismo modelo de democracia para todos los pueblos, siendo tan distintos unos de otros. Habrá que adaptar las fórmulas a cada caso o no se estará actuando democráticamente.

En los capítulos anteriores hemos visto que el País Vasco está profundamente insatisfecho tanto por su falta de unidad territorial como por la relegación de su lengua propia. Pues bien, el presente capítulo nos permite entender otra tercera importante frustración: la falta de una democracia más participativa. Funcionan las urnas pero no funcionan los cauces que unen después, en el período poselectoral, a las numerosas asociaciones existentes con las instituciones emanadas de esas urnas.

He aquí un defecto muy grave y muy de fondo de la democracia existente y, sin entenderlo, es imposible entender las frecuentes explosiones de descontento que recorren el País Vasco y las formas de protesta radicales que aparecen en él.

Los partidos políticos son aparatos de gran tamaño, poco sensibles y en general alejados del sentir popular. Tienden a convertirse en puras máquinas electorales. Ello induce una quiebra entre la vida política institucionalizada y la sensibilidad política del pueblo, que está apareciendo a la luz cada vez con más fuerza en toda Europa, dando por resultado el abstencionismo electoral, la falta de interés popular por los temas colectivos, el alejamiento entre la clase política y la ciudadanía; un soterrado fracaso del sistema, en definitiva. Los funestos efectos de la partitocracia constituyen el actual reto de la democracia representativa.

"La sociedad es mucho más rica que los partidos políticos y los intereses sociales no se plasman en ellos. Hay otras organizaciones que también representan intereses que pueden decir algo", declararía con justa razón el presidente navarro Juan Cruz Alli el 21.9.91.

Cuando, a lo largo de las décadas, la separación de poderes no hace sino difuminarse, las cúpulas de los grandes partidos, cuyo parecido mutuo es además creciente, deciden cada vez más y la sociedad –incluso los mismos parlamentos–, cada vez menos. La tendencia dominante es el autoritarismo, el acatamiento a las oligarquías económicas y a los demás poderes elitistas existentes de hecho.

En el País Vasco, por este comportamiento colectivo que podemos observar, se puede muy bien avanzar en el modelo de democracia y acceder a una forma más autóctona, más respetuosa con cada asociación, con cada valle, con cada ciudad; a una forma de democracia más participativa.

En las costumbres del País ha estado desde tiempos muy remotos una participación de los ciudadanos en las asambleas de cada territorio tan directa como en la también montañosa Suiza. Del mismo modo que su tradición ha sido siempre el que los niveles superiores no decidan materias que, sin perjuicio para nadie, pueden ser decididas en los niveles inferiores, más locales.

Hay decisiones que, por una racionalidad colectiva, tienen que tomarse forzosamente en niveles altos y alejados de la realidad cotidiana –y más aún en una sociedad industrial y moderna–, pero cuando este proceder es más la regla que la excepción, probablemente nos encontramos ante un importante vicio del sistema mismo.

Cuando en el capítulo 3 se ha hablado de que, a partir de los años sesenta, el movimiento contestario vasco, además de nacionalista, se hace progresista, nos referíamos sobre todo a este aspecto, a esta constante presión popular hacia una forma democrática menos formal y más real, una forma en que las tendencias hacia la libertad, la igualdad, el respeto a la naturaleza... no estén inscritas sólo en las fachadas de las instituciones sino también en el propio funcionamiento de éstas.

Parece difícil, por otra parte, disociar las diferentes insatisfacciones que padece el País Vasco y pensar que se pueden resolver unas sin resolver a la vez las otras. No cabe imaginar, por ejemplo, un impulso fuerte en el uso de la lengua vasca sin resolver la actual dicotomía entre por un lado las instituciones y por otro las asociaciones populares de apoyo a la lengua. O una mayor unidad entre los distintos territorios vascos sin un simultáneo mayor protagonismo de las entidades y asociaciones de todo tipo que conforman la vida real del País. Ni viceversa: tampoco es fácil imaginar una mayor democratización que no atienda enseguida los deseos populares de defender el agónico idioma vasco o la pulverizada unidad territorial.

Al País Vasco no se le ha preguntado nunca si quiere ser monárquico o republicano, si quiere o no vivir integrado en sus Estados vecinos, si prefiere un estatuto autonómico como los vigentes en la CAV y en Navarra u otro con un mayor grado de soberanía y cohesión... Se ha ignorado olímpicamente su rechazo a la Constitución española, que ningún partido español se atreve hoy siquiera a retocar, por miedo precisamente a las demandas vascas. Tampoco se ha mostrado la menor consideración por el deseo vasco de quedar fuera de la OTAN.

Todas estas cuestiones centrales pueden ser hábilmente escamoteadas por el poder central, pero nadie se podrá quejar luego del movimiento contestatario que semejante proceder origina.

La pregunta estatutaria, en el referéndum de octubre del 79, se realizó en nuestro caso sólo en tres de las cuatro provincias del sur vasco y eso fue marcar las cartas antes de la partida. Lo mismo que fue marcarlas el dar a elegir una única opción estatutaria, que además se sabía que contaba con el disgusto de una buena parte de la población. O el escamotear la consulta popular para la autonomía de Navarra.

Cuando las opciones se ofrecen con las cartas marcadas, la protesta posterior se entiende con facilidad. En cuanto a la aceptación del Estatuto de la CAV, el 53'1% de votos afirmativos sobre el censo se ha absolutizado completamente, considerándolo lo mismo que si hubiese sido el 84'0% alcanzado en tiempos de la República... La asimilación de esos dos porcentajes formalmente será correcta, pero realmente no. Ante realidades complejas y contradictorias, lo inteligente no es absolutizar las formas sino justamente relativizarlas.

Tampoco parece de sentido común imponer la circunscripción única para todo el Estado español en las elecciones al Parlamento Europeo. Más bien parece una falta de respeto y consideración a sus partes componentes. Y los ejemplos de imposiciones legales antidemocráticas podrían alargarse.

A principios de 1992, para evitar una victoria islamista, el Ejército argelino prohibía la segunda vuelta de las elecciones confiando en que "la marea de protestas podía aplastarse sin más consecuencias. El tiempo se ha encargado de demostrar lo equivocado que estaba" (Editorial de *El País* del 15.2.94). Es un ejemplo lejano pero ilustrativo: la voluntad popular sólo se puede forzar en cierta medida.

Tal vez la llamada "cuestión vasca" lo sea de baja intensidad, y no siempre. Pero indudablemente es una cuestión latente, que está ahí mientras no se resuelva. Y los pases toreros para escamotear uno u otro de los deseos populares podrán sostenerse algún tiempo, pero no a plazo indefinido, porque los pueblos permanecen y las realidades son de piedra.

Los poderosos movimientos sociales vascos pueden y suelen ser reprimidos policialmente. Habitualmente la única respuesta que reciben es la policial. El pueblo, y en especial su sector más disgustado y más activo, se convierte para las instituciones en el auténtico enemigo, en el enemigo interior. Pero cuando un problema se soluciona en falso, termina por pasar factura. Y si lo que se soluciona en falso no es en nuestro caso un problema sino que son muchos problemas, la factura de la inestabilidad social será a la fuerza muy elevada.

Si se quieren afrontar adecuadamente los problemas que plantea la realidad, las instituciones tienen que romper su actual hermetismo. Es razonable que la mayoría dirija los destinos de un país, pero no lo es que las cúpulas de los partidos políticos mayoritarios electoralmente conviertan su dirección en una dictadura para las minorías.

En nombre de un comportamiento democrático y en nombre también de una eficacia a plazo medio, todos los agentes sociales deberían ser escuchados por los órganos gubernamentales: los sindicatos, las asociaciones no gubernamentales de todo tipo y las minorías con cierta implantación social; y más todavía cuando representan a sectores desfavorecidos o marginales.

La cuestión está hoy en día en determinar si basta con escuchar a las minorías o si es necesario además institucionalizar esa escucha, articular órganos consultivos permanentes para que las autoridades cambien impresiones con los distintos agentes sociales, recogiendo propuestas y críticas constructivas, propiciando una dirección más certera y la colaboración en todos los terrenos Tal vez se impone incluso la creación de una nueva cámara, consultiva, destinada exclusivamente a ello.

Hay siempre una gran parte de la ciudadanía que no desea llevar su participación política más lejos que el acto de votar –y algunos ni siquiera eso–, que está más o menos satisfecha con la completa delegación de su representación en manos de los partidos políticos. Con lo que aquí estamos proponiendo no se trataría evidentemente de forzar a esa parte de la ciudadanía a que se ocupe de lo que no quiere ocuparse.

De lo que se trata es sólo de abrir cauces a la participación de aquellos ciudadanos que lo deseen, que también los hay en todos los países y que en el caso vasco son particularmente numerosos y activos; que pueden interesarse por los problemas colectivos en general o simplemente por un problema colectivo en particular.

Y, como línea general de funcionamiento, ese talante más dialogante, receptivo, consultivo y participativo, en una sociedad vasca más libre, no sólo habría de ser una exigencia en las entidades públicas sino también en las privadas, incluidas las empresas económicas, donde el punto de vista de los trabajadores debería ser recogido institucionalmente. Una democracia más real en las instituciones se corresponde con una democracia más real en las empresas privadas.

Otro cauce especialmente apto para llenar el foso entre la vida institucional y la vida cotidiana es el del referéndum. Es muy frecuente que los ciudadanos elijan a un partido para la dirección del país pero estén mayoritariamente en contra de alguno de los puntos programáticos de ese mismo partido. La identificación con un partido no lo es con la totalidad de sus objetivos por igual.

La Italia que en los años setenta votaba a la Democracia Cristiana, contraria al divorcio, votó al mismo tiempo en favor de éste en un referéndum famoso. De la misma manera, en la consulta sobre pertenencia a la OTAN, teniendo en cuenta que los dos partidos mayoritarios en el sur vasco eran favorables a la respuesta afirmativa, habría que esperar que la del electorado también fuese afirmativa, pero en cambio fue negativa muy netamente. Estas aparentes contradicciones sólo son inexplicables para quienes simplifican la realidad y le atribuyen una racionalidad lineal que no suele tener, para quienes prefieren absolutizar más que relativizar.

Si existe voluntad de hacer democracia, de escuchar al país para seguir sus puntos de vista, la institución del referéndum no tendría el carácter completamente excepcional que tiene hoy sino que se utilizaría con mayor frecuencia y agilidad. Al parecer, actualmente las autoridades tienen miedo al referéndum cuando albergan dudas respecto a su resultado y, todavía más (aunque tendría que parecer mentira), cuando intuyen un resultado contrario a la tesis del partido gubernamental.

En el País Vasco se necesitan menos instituciones y éstas –como se ha dicho en el capítulo 1– más unitarias. A lo que ahora podemos añadir que se necesitan menos elecciones y más referendums.

El último referéndum habido en el Estado español fue el de la OTAN, que tan a duras penas logró ganar el Gobierno. A partir de él, prefirió no correr más semejantes riesgos y, por ejemplo, el tratado de Maastricht, que en algunos países pasó por referéndum en 1992 y 93, en el Estado español se aprobó por las Cortes. En cuanto al Estado francés, no ha vuelto a haber referéndum alguno desde el que acarreó la dimisión de De Gaulle en 1969.

Las cúpulas de los grandes partidos prefieren dictar su política, extender su representación a todos los terrenos, incluso a aquéllos en que saben que la opinión mayoritaria no les sigue. Es más cómodo y ataja los problemas. Pero sólo a corto plazo.

Estas consideraciones, válidas hoy en día desgraciadamente para muchos países, son particularmente pertinentes en el caso vasco, en que la disociación autoridad-sociedad es más clara que en ninguna otra parte de Europa.

Capítulo 9

La autodeterminación a la hora europea

Comparación de los casos vasco e irlandés

La protesta vasca suele ser comparada con las existentes en otros países, unas veces encontrando similitudes en la acción armada y otras encontrándolas en el carácter nacionalista de la reivindicación. Pero probablemente el caso que se le puede comparar con mayor justeza sea el irlandés, en el que confluyen esas dos circunstancias –carácter nacional e inclusión de la lucha armada– con el hecho de que ambos países son europeos.

La población de Irlanda es de cinco millones de habitantes, repartidos entre un 70% en el sur o República de Irlanda y otro 30% en el norte bajo dominio británico. La población vasca es de 2.873.000 habitantes, de los que corresponden al sur (dominio español) el 91% y al norte (dominio francés) el 9%.

Cuando un español va a Bayona o Biarritz, va a "Francia", pero cuando lo hace un vasco del sur, irá "al norte" o "al otro lado". El primero llama "España" o "Francia" a lo que el segundo denominará "Estado español" o "Estado francés", queriendo, con estas pesadas expresiones, manifestar su respeto por la voluntad vasca, nunca consultada, de seguir o no siendo España y Francia.

Pues bien, una similar precisión terminológica se produce en Irlanda y una de las primeras cosas que le chocan al vasco al hablar con irlandeses es precisamente constatar que también allí corrigen algunas denominaciones inglesas. Los partidarios de la unificación de la isla se designan a sí mismos como nacionalistas o como republicanos (y a veces como católicos) y llaman a sus oponentes unionistas, o sea, partidarios de la unión con Gran Bretaña (y, a veces, protestantes).

Para los nacionalistas es Derry la ciudad norteña que para los unionistas es Londonderry. Y al norte irlandés no se le denomina así, ni tampoco Ulster, porque el genuino Ulster es una región algo más amplia, con tres condados más que los seis actuales (esos otros tres pertenecen a la República). A Irlanda del Norte la denominan invariablemente "los seis condados" y a Irlanda del Sur, "los veintiséis condados". Para ellos son "voluntarios" lo que sus oponentes llaman "terroristas".

Aparte de su tradicional abundancia en tabernas y en vocaciones católicas, otra similitud clara entre los dos casos es que una parte notable de la población, si bien en el fondo preferiría un final del conflicto al gusto de los rebeldes, es decir, elegiría un país unificado y libre, sin embargo, aunque sólo sea ya por puro cansancio tras un enfrentamiento tan prolongado, se puede decir que "pasa" del tema, que desarrolla su vida cotidiana y que hace sus distintas opciones como si ese problema estructural no existiese.

En ambos casos, el nacionalismo moderado colabora con el opresor moderadamente –o inmoderadamente, según cómo se mire–. Igualmente la Iglesia –una misma Iglesia, la católica– se sitúa en los dos países en favor del opresor y en contra de los rebeldes, apoyando el sometimiento al primero consensuado con él.

Los partidos mayoritarios en Irlanda y en el País Vasco tratan de boicotear el eco social de dichos rebeldes, negándoles el acceso a los medios de comunicación o rehusando el discutir con ellos en público.

El sector más combativo de ambos pueblos se ha convertido con los años, un tanto a pesar suyo, en el depositario de la tradición nacionalista, en el único defensor de las ideas fundacionales del renacimiento nacional de fines del siglo pasado y principios de éste.

Además, tanto el Sinn Fein (que significa "Nosotros solos") como Herri Batasuna ("Unidad Popular") rechazan los parlamentos autonómicos vigentes, como falsos caminos hacia una verdadera solución del contencioso. En el caso irlandés, nos referimos al Parlamento autonómico de Stormont, que estuvo vigente hasta finales de los años sesenta, y en el vasco, a los Parlamentos de Vitoria y Pamplona en vigor.

Hace unos años, el secretario general del Sinn Fein declaraba: "Rechazamos cualquier arreglo exclusivo para los seis condados, tanto si cuenta con el apoyo de Dublín como si no". Del mismo modo que Herri Batasuna se niega a aceptar estatutos separados para los territorios del sur vasco.

El hecho de que ambas causas se apoyen parcialmente en el uso de las armas crea por otra parte una serie de dinámicas sociales bastante similares. Una de ellas es el movimiento de apoyo a los presos políticos o de denuncia de la tortura en comisaría. Son situaciones y organizaciones que crean microclimas sociales muy similares.

Las dos contiendas han contado en su desarrollo con la presencia de una frontera física, que en los dos países separan, de diferente modo, norte y sur. Frontera que ha facilitado la lucha armada, al menos hasta cierto punto y hasta épocas recientes.

El sector contestatario es probablemente al mismo tiempo el más creativo y alegre, el más entusiasta y vivo de la sociedad, aunque también se encuentra un tanto cerrado sobre sí mismo, aislado en su pequeño mundo, un poco fuera de la trivialidad circundante.

La relación entre el Sinn Fein y el IRA tal vez es similar a la relación entre Herri Batasuna y ETA y, aunque no estamos en situación de saberlo, suele hacerse ese paralelismo.

Tratamiento aparte merece la comparación entre las dos realidades lingüísticas, que también tienen mucho más de parecido que de diferente. La situación de la lengua vasca la hemos descrito ya en el capítulo 2. En cuanto a Irlanda, si la isla cuenta con cinco millones de habitantes entre norte y sur, sólo son alrededor de 35.000 personas las que utilizan *la mayor parte del día* el irlandés o gaélico –una lengua celta, muy distinta del inglés–, y habitan en una serie de pueblecitos rurales muy pequeños y además separados entre sí en varias zonas, situadas en la parte occidental de la isla. Parecen ser otras cien mil o doscientas mil personas más las que utilizan *algo* esta lengua.

A esas pequeñas zonas de habla corriente irlandesa se les llama Gaeltacht y son objeto en la República de Irlanda de una política lingüística especial (muy deficiente, por cierto), tendente al mantenimiento de su carácter monolingüe irlandés. Si bien la voluntad lingüística del Gobierno irlandés es muy escasa, cuenta al menos en este caso con una ventaja de cara a la aplicación de esa política en las zonas gaélicas y es que la ley le permite hacerlo, lo que es de señalar cuando en el caso vasco un intento semejante no sería ni siquiera legal; en el Estado español, como se ha dicho ya en el capítulo 2, la lengua española es obligatoria para toda la población y es además la única lengua obligatoria, sucediendo lo mismo en el Estado francés con la lengua francesa.

Aparte de quienes son capaces de hablar la lengua gaélica, muy pocos, hay una parte notable de la población, aproximadamente un tercio, un millón largo de personas, que declara entenderla o ser capaz de hablarla un poco. El conocimiento del gaélico crece con la edad de la población y con su nivel de estudios.

Mientras el conocimiento teórico de la lengua irlandesa por parte de la población se va manteniendo durante estos últimos años, su uso real, siempre bajo, ha descendido extraordinariamente. Por otro lado, es muy claro el apoyo moral de la población a su idioma propio, que aparece entusiasta al respecto en las diferentes encuestas realizadas.

Estos tres rasgos señalan una semejanza grande con la lengua vasca, si bien en el caso irlandés se producen de una manera mucho más aguda: un nivel de conocimiento apreciable junto a un uso real muy bajo y a un apoyo popular grande.

Aunque en la República el gaélico es asignatura obligatoria en la enseñanza, hace unos años desapareció la obligación de saberlo para sacar el certificado de estudios primarios, así como para ocupar ciertos puestos de trabajo oficiales para los que antes se exigía.

Desde principios de los años setenta, existen algunas escuelas que imparten la enseñanza en lengua irlandesa. En el norte son pocas y privadas; en la República son más numerosas y públicas. Éste es un fenómeno creciente estos últimos años, apoyado sobre todo en las clases sociales con menos recursos económicos. Antes su base estaba en las clases medias, en parte para facilitar a los hijos un puesto de trabajo, pero ahora no existe ya esa motivación –porque el gaélico ya no se exige– y la motivación en la creación de estas escuelas ha pasado a ser más nacionalista.

Utilizando la terminología presentada en nuestro capítulo 2, podríamos decir que el Gobierno irlandés desarrolla, de cara a la propia lengua, tanto una política "de difusión" (apoyo en el sistema educativo y en los medios de comunicación) como una política "territorial" (apoyo al monolingüismo en las Gaeltacht), si bien en ambos casos muy tibiamente, hasta el punto de que el irlandés se puede decir que está a punto de desaparecer como lengua de comunicación normal.

En la dirección del proceso político de independencia del sur de Irlanda ha tomado una parte demasiado restringida el sector popular más concienciado, más luchador y más favorable al uso del gaélico, lo que, entre otros efectos negativos, ha conducido a una independencia idiomáticamente coja. El *status* jurídico del gaélico es superior al de la lengua galesa y al de la lengua vasca, pero su fuerza real es netamente inferior.

Entre otros futuros posibles, no es disparatado imaginar para el País Vasco un escenario parecido, con desaparición de la lengua vasca, en el caso de que tampoco aquí el avance hacia la soberanía esté codirigido por las dos grandes corrientes nacionalistas: la más moderada y la más radical.

El nacionalismo moderado vasco, al basar su acción en un consenso con la capital española, se ve obligado –le guste o no– a politizar su actuación lingüística, a someterla a sus condicionamientos partidistas, a preferir el estancamiento de la lengua vasca antes que aparecer ante Madrid públicamente en esta materia, ni en ninguna otra, de la mano de "los amigos de los terroristas". Una determinación funesta para el futuro de la lengua.

El tema de la lengua nos permite finalmente pasar de las similitudes entre los casos vasco e irlandés a sus diferencias, que también las hay. Porque la importancia que se le da a la lengua propia en cada uno de los dos países establece ya una diferencia entre ellos.

En efecto, mientras para los irlandeses el objetivo central de la lucha es la reunificación, para los vascos lo es la defensa de su derecho de autodeterminación, dirigido a la defensa de su identidad nacional y, probablemente, sobre todo a su recuperación lingüística.

Es claro que para los vascos la reunificación de los siete territorios es una cuestión pendiente, y también una cuestión central, como lo es para los irlandeses o coreanos, o como en su día lo fue para los alemanes o los vietnamitas. Pero en este sentido, la meta inmediata está más en la reunificación de los cuatro territorios del sur que propiamente, al menos de momento, la de norte y sur. En cambio para los irlandeses la reunificación norte-sur es la clave.

Inversamente, los irlandeses o dan por perdida su lengua o actúan como si la diesen por perdida. Figura indiscutiblemente entre sus objetivos nacionales, pero no parece ser una motivación de peso en la realidad de su lucha.

Para los vascos, es una práctica constante el apoyo a las escuelas en su lengua, a las escuelas de alfabetización y vasquización de adultos, a los municipios vascoparlantes, al desarrollo de medios de comunicación en dicha lengua así como la exigencia de funcionariado vascoparlante. El riesgo de desaparición del propio idioma es seguramente el mayor revulsivo para la protesta vasca, porque es el espejo donde se refleja la paulatina desaparición de la identidad de este pueblo.

No es que no existan otras señas de identidad, bien claras, en el terreno cultural (manifestaciones artísticas propias, sentido del humor o de la muerte y tantas otras), deportivo (pelota, remo, deportes rurales), gastronómico, festivo (San Fermín, como fiesta internacionalmente más conocida) y muchas más. Pero el idioma es el exponente de todas y constituye tradicionalmente el símbolo de la personalidad vasca.

La fuerza real del idioma vasco es muy superior a la del irlandés y la importancia que se le atribuye es también mucho más alta. Puede que haya una relación causal entre ambas cosas, entre fuerza del idioma e importancia que éste tiene en la protesta; puede que sea su menor "distancia a la muerte" la que hace que el gaélico sea hoy un factor poco explicativo de la contestación irlandesa. Pero en cualquier caso, ambos fenómenos se correlacionan de hecho.

En el caso vasco, la cuestión lingüística es sencillamente clave, aunque la conciencia de este fenómeno sea irregular. Es decir, desde el subconsciente colectivo es muy explicativo de la protesta vasca (tal vez sucedía algo parecido a principios de siglo en Irlanda), pese a que muchos vascos, e incluso muchos vascos contestatarios, no parezcan darle importancia al idioma o no crean dárselo.

La pérdida de la lengua vasca se identifica, repetimos, con la pérdida de la personalidad colectiva y la agonía en que se debate aquélla a lo largo del siglo XX crea en el pueblo vasco un soterrado sentimiento trágico, una aguda angustia existencial, más o menos inconsciente, capaz de generar una gran violencia.

Hay serios motivos para pensar que un vigoroso plan de recuperación lingüística a lo largo y ancho del territorio vasco, con efectos claros y perceptibles, sería capaz por sí sólo de desactivar las formas más radicales de protesta. Si la lengua vasca viese asegurado su futuro, el contencioso vasco se plantearía verosímilmente de manera muy distinta. Y si a esto sumásemos alguna forma de institucionalización de la unidad territorial vasca, mucho más.

La soberanía (hoy, un Estatuto cuatriprovincial avanzado en el sur y un departamento vasco en el norte) y el derecho de autodeterminación son, sin duda, la expresión política de la reivindicación vasca, pero su contenido es probablemente en el inconsciente colectivo el deseo de asegurar el propio idioma en primer lugar y el de unidad territorial en segundo.

Otras diferencias existen también sin embargo entre las dos causas nacionales que estamos comparando. La lucha armada irlandesa es claramente mayor y más dura que la vasca, como patentizan el número de acciones armadas y de víctimas, así como la presencia armada inglesa en las calles de Irlanda del norte.

La emigración irlandesa en América tiene un fuerte sentimiento nacionalista y apoya de manera apreciable al Sinn Fein, mientras que la emigración vasca en tierras americanas, aunque también nacionalista, parece haberse conformado con la actual institucionalización regionalista del sur vasco y mayoritariamente no apoya a ETA.

Por fin, la diferencia fundamental entre los dos casos es sin duda alguna el que en el norte irlandés cabe hablar de dos comunidades enfrentadas, mientras que en el País Vasco no. En el denominado Ulster una parte importantísima de la población es proinglesa y se manifiesta en ese sentido activamente y en contra de la parte contestataria.

Esto lo muestran las urnas pero también las manifestaciones en la calle o las organizaciones clandestinas de lucha contra los republicanos. Los dos tercios de la población son protestantes y mayoritariamente pro-británicos; el otro tercio es católico y mayoritariamente pro-irlandés. La industria y los servicios están en manos de los protestantes y la agricultura en las de los católicos, muy discriminados en cuestión de empleos y de viviendas subvencionadas.

Verdaderamente, hoy en día, cabe incluso decir que las dificultades para el arreglo en Irlanda proceden más del sector pro-británico del norte irlandés que de la propia población británica, que está predispuesta al abandono de esas posesiones para evitarse más problemas (del mismo modo, se podría constatar, por cierto, que la población de la República de Irlanda estaría también dispuesta a dejar en manos inglesas el norte de la isla, con ese mismo fin de evitarse problemas).

La dificultad para una solución pacífica en Irlanda está en el enfrentamiento existente en el norte entre las dos comunidades o, más precisamente, en el empecinamiento de la mayoría pro-británica del norte irlandés en impedir la reunificación de la isla. El problema lo crearon los ingleses, con la partición, pero ahora tiene vida propia.

En el caso vasco, la población es en su conjunto más bien vasquista, o comprensiva, al menos, con los deseos vasquistas. Lo es de un modo tenue, como media, y en un escalonamiento progresivo entre un mayor y un menor vasquismo. Pero el patriotismo militante español o francés, la irritación ante las reivindicaciones vascas, no son un sentimiento propio de la población vasca sino frutas de importación.

Aunque existan, sin duda, casos aislados de irritación antivasca, en el País Vasco no cabe hablar de dos comunidades enfrentadas y en el norte irlandés sí. Y ésta es la razón fundamental por la que, en la realidad, sea muchísimo más sencilla la solución del contencioso vasco que la del irlandés, si es que retiramos de la vista toda la hojarasca propagandística vertida.

Sin embargo, la historia reciente de ambos contenciosos da a entender que en Irlanda se están dando más pasos que en el País Vasco hacia una solución negociada. Repasemos sintéticamente la cronología de la liberación irlandesa.

A mediados del siglo pasado, en 1858, se creó la Hermandad Irlandesa Republicana, que comenzó la labor de concienciación patriótica. A los 12 años, surgió una nueva asociación defensora de la autonomía irlandesa.

Fue a principios de este siglo, en 1902, cuando se creó el Sinn Fein, movimiento independentista paramilitar. En 1914, año de inicio de la primera guerra mundial, la minoría protestante del Ulster trató de retrasar la aplicación de la recién aprobada autonomía irlandesa, pero finalmente fue aceptada, pese a que la guerra se ocupó de aplazarla.

En 1916, en plena guerra mundial, los nacionalistas irlandeses realizaron en Dublín el famoso levantamiento de Pascua contra los ingleses, que respondieron con una feroz represión, fusilando a los dirigentes, lo cual hizo a su vez aumentar el odio a Gran Bretaña en toda la isla. A los dos años, en 1918, el Sinn Fein triunfó en Irlanda en las elecciones británicas, decidiendo los diputados elegidos no acudir a Londres sino constituirse en asamblea irlandesa.

El intento británico de aplastar al Sinn Fein condujo a la guerra anglo-irlandesa de 1919 a 1921, que acabó con la concesión de la independencia a 26 de los 32 condados irlandeses dentro de la Commonwealth, quedando los otros seis en manos británicas. Con ello, los ingleses conseguían nada menos que convertir a la minoría protestante irlandesa en mayoría dentro de un territorio arbitrariamente recortado, que quedaba así en sus manos. De 1921 a 1923 se produjo una guerra civil en el sur entre quienes se oponían a esta partición de la isla y quienes la aceptaban, resultando vencedores éstos últimos.

En 1937 Irlanda se declaró Estado soberano con el nombre de Eire, que es el viejo nombre celta de la isla. Tras la segunda guerra mundial, en que Irlanda fue neutral, la parte sur se declaró República en 1949 y abandonó la Commonwealth británica, manteniendo la Constitución de 1937 e ingresando en la ONU en 1955. Desde su independencia, la República de Irlanda está gobernada alternativamente por los partidos Fine Gael ("Irlanda

Unida", heredero de quienes habían aceptado la partición de la isla) y Fianna Fail ("Partido Republicano", heredero de los que se habían opuesto a la partición), estando éste último en el poder en 1994. En 1973 la República ingresó en la Comunidad Económica Europea.

Desde 1969 volvió a prender el levantamiento en pro de la incorporación del norte a la República de Irlanda, de la mano armada del Ejército Republicano Irlandés (IRA) y de la mano legal del Sinn Fein, que operan en ambas zonas de la isla. El Ejército inglés, compuesto por voluntarios que desprecian y odian a los irlandeses, ocupó el territorio, reforzando el papel de la policía autónoma (RUC). Las víctimas desde aquellas fechas hasta hoy sobrepasan los 3.000 muertos entre ambas partes.

En 1985 el Sinn Fein se presenta a las elecciones municipales del norte y ocupa los puestos obtenidos. Sus votos suelen ser un 10% aproximado en el norte –donde constituye el cuarto partido por su importancia electoral– y un porcentaje menor y muy reducido en el sur.

A fines de ese año, el Gobierno irlandés llegaba con la señora Thatcher al acuerdo de Hillsborough, por el que el primero adquiría un novedoso derecho de opinión sobre la política británica en el norte a cambio de reconocer a los ingleses el suyo a dirigir ese norte y de comprometerse a luchar con más entusiasmo contra el nacionalismo irlandés.

En lo que probablemente constituye el atentado de mayor envergadura y consecuencias del enfrentamiento anglo-irlandés, el 24 de abril de 1993 una serie de potentes cargas explosivas colocadas por el IRA destrozan una buena parte de la City londinense, corazón del imperio financiero británico.

En el otoño, los dos partidos norirlandeses representativos de los católicos firman por primera vez un acuerdo con vistas a iniciar un proceso negociador entre todas las partes. Se trata del Sinn Fein y del Social Democratic Labour Party; este último, el SDLP, es más moderado y condena la lucha armada. Este acuerdo bipartito señala una fecha importante en la historia irlandesa y produce un fuerte impacto en la opinión pública de toda la isla.

A fines de aquel año 1993 se acreditan contactos secretos entre el IRA y el Gobierno británico. El 15 de diciembre se firma la famosa Declaración de Downing Street, por la que los primeros ministros de Gran Bretaña (el conservador John Major) y de la República de Irlanda (Albert Reynolds, del Fianna Fail) reconocen en ciertas condiciones a Irlanda el derecho a la autodeterminación y a la reunificación.

El Sinn Fein responde a esta declaración manifestando su satisfacción, por una parte, y pidiendo una serie de aclaraciones, por otra. Las aclaraciones van en el sentido de asegurar que el Gobierno británico reconoce realmente al pueblo irlandés esos dos derechos inseparables.

Nadie sabe si en la prudencia del Sinn Fein en ese deseo de asegurarse la voluntad negociadora de los ingleses antes de aceptar una negociación, se recoge o no la lección de las conversaciones de Argel entre el Gobierno español y ETA, pero cabe pensarlo.

En efecto, el final de aquellas conversaciones, con la descalificación desde Madrid a los acuerdos alcanzados por sus propios delegados en Argel, delataba una falta de voluntad previa negociadora por parte de la capital española. Desde entonces lo único que ha repetido ETA es que, antes de embarcarse en otro proceso similar, se asegurará bien de que la parte española tiene verdadera voluntad de diálogo. La prudente reacción del Sinn Fein a la Declaración de Downing Street parece tomar nota de esta lección de la reciente historia vasca.

Ello no significa sin embargo que los nacionalistas irlandeses hayan quitado importancia a dicha Declaración. El secretario general del Sinn Fein, con motivo de su visita al País Vasco de la mano de Herri Batasuna en mayo de 1994, escribía lo siguiente:

"Aceptamos completamente que en los esfuerzos para conseguir la paz no habrá soluciones ni acuerdos rápidos. Se ha puesto en marcha un proceso de paz y nuestro trabajo inmediato es hacer avanzar ese proceso. La Declaración de Downing Street del pasado diciembre marca un estadio en el proceso lento y doloroso de desenganche de Gran Bretaña de su primera y última colonia. Estoy convencido de que estamos en la última fase del conflicto anglo-irlandés".

Entre enero y febrero del mismo año, dicho secretario general realizaba por primera vez un viaje a Estados Unidos, tras habérsele retirado la prohibición de tener visado, lo que le permitió tomar contacto directo con la abundante colonia irlandesa que desde allí apoya la reunificación de su país y explicar a la opinión pública americana su propio punto de vista sobre el largo contencioso.

A fines de junio, el Gobierno británico anunció que un buen número de presos políticos irlandeses encarcelados en Gran Bretaña iban a ser trasladados a prisiones norirlandesas, accediendo así a una vieja reivindicación humanitaria, destinada a facilitar las visitas de los familiares. Como en el País Vasco, en Irlanda sucedía que los parientes de los presos se veían obligados a realizar largos y costosos viajes para verles, con el riesgo, además, de que una vez llegados a la cárcel se enterasen de que su pariente había sido trasladado a otra prisión, sin haber recibido ellos aviso ninguno.

El alto el fuego del IRA en septiembre del 94 y los acontecimientos posteriores son pasos de la negociación política emprendida entre británicos e irlandeses tras el atentado de abril del 93 contra la City londinense para transformar el conflicto armado en un arreglo pacífico.

Recientes independencias en Europa

Las divisiones estatales suelen parecernos férreas y eternas, algo que no se modifica nunca o que lo hace muy rara vez y jamás en nuestro entorno. Esta sensación se ha tenido particularmente en Europa desde la segunda guerra mundial hasta la década de los noventa. Pero entonces se evaporó.

En efecto, las fronteras se mueven más de lo que parece y son más discutibles de lo que aparentan. Hay un lento pero ininterrumpido remodelamiento de fronteras en el mundo.

Para empezar con el Estado español, se le han ido separando alrededor de cincuenta territorios desde el inicio de su imperio a finales del siglo XV hasta el presente siglo, desde Holanda en 1579 hasta Cuba, Filipinas y Puerto Rico en 1898, pasando por sus numerosas posesiones en Italia, occidente europeo y América.

En los siglos pasados las independencias con respecto al Estado español han sido una en el siglo XVI (Holanda), cinco en el

XVII, seis en el XVIII y treinta y tres en el XIX. En cuanto al siglo XX y tras la segunda guerra mundial, se le han separado el norte de Marruecos en 1956, Guinea Ecuatorial e Ifni en 1969 y Sahara en 1975.

Ya al margen del caso español, los países declarados independientes en el mundo entero –bastantes de ellos del Estado francés– han sido más de cien en nuestro siglo XX, siendo europeos los siguientes:

1905	Noruega (de Suecia)
1917	Finlandia (de Rusia)
1918	Islandia (de Dinamarca)
1918	Checoeslovaquia, Hungría y Polonia (de Austria-Hungría)
1949	República de Irlanda (de Gran Bretaña)
1960	Chipre (de Gran Bretaña)
1964	Malta (de Gran Bretaña)

Pero la verdadera conmoción se ha producido con la aparición de los nuevos Estados europeos surgidos de las antiguas URSS, Checoeslovaquia y Yugoeslavia tras la caída del muro de Berlín en 1989, que a su vez dio lugar al año siguiente a la reunificación alemana:

1991	Armenia
1991	Azerbaiyán
1991	Bielorrusia
1991	Croacia
1991	Eslovenia
1991	Estonia
1991	Georgia
1991	Letonia
1991	Lituania
1991	Macedonia

1991	Moldavia
1991	Rusia
1991	Ucrania
1992	Bosnia Herzegovina
1992	Serbia y Montenegro
1993	Eslovaquia
1993	República Checa

Planteamiento moderno del derecho de autodeterminación

La reivindicación tradicional vasca, revestida de unos u otros ropajes, ha sido el respeto a los propios usos y costumbres, a la propia legalidad, al entramado foral vigente hasta las guerras carlistas. Es a esto a lo que se alude cuando se mencionan los derechos históricos del País Vasco.

Hoy en día, sin embargo, nadie está pidiendo el restablecimiento de una legalidad tan antigua y tan inadaptada al mundo moderno. Si bien el contenido de las actuales exigencias vascas continúa siendo, como siempre, la defensa de la propia identidad y el respeto a la propia voluntad de los vascos, su expresión moderna es hoy el denominado derecho de autodeterminación, que se define precisamente como el derecho de un pueblo a decidir por sí mismo. Es el derecho que asiste a cada pueblo para elegir su forma de integración con otros pueblos o su separación en un Estado propio.

Este derecho humano colectivo se formuló a partir de los postulados de la Revolución Francesa y su concepto se extendió a lo largo del siglo pasado, pero recibió un nuevo y poderoso impulso teórico con la expansión del leninismo en el presente siglo. Si la vida, la libertad o el trabajo son derechos fundamentales para la persona, el derecho de autodeterminación es un derecho fundamental para los pueblos, pues puede incluso condicionar su simple existencia. Nada justifica su supresión o su limitación ni para aquellos pueblos que cuentan con Estado propio ni tampoco para los que están integrados en Estados supranacionales.

"Este derecho también impide –escribe el secretario general del Sinn Fein irlandés– la ruptura de la unidad o integridad terri-

Muchas son las señas de identidad del pueblo vasco en el terreno deportivo, festivo, gastronómico, lingüístico...

torial de una nación. La partición irlandesa niega el derecho del pueblo irlandés a la autodeterminación".

El principal impulsor, interesado, del derecho de autodeterminación ha sido históricamente Estados Unidos: tras la primera guerra mundial, para desmembrar los Estados germánicos; tras la segunda, para descolonizar a Gran Bretaña y Francia; y, en la década de los noventa, para desmembrar los países socialistas, que a su vez también habían defendido ese derecho, al menos teóricamente.

Para ilustrar el pensamiento norteamericano en el último de esos tres momentos históricos, sirvan las palabras del presidente Bush, quien, a fines de mayo de 1990, se excusaba así de su escasa ayuda al entonces presidente soviético Gorbachov: "Todo presidente americano estará limitado para ayudaros mientras la autodeterminación no sea visible en los países bálticos".

Al ser un derecho de los pueblos, el derecho de autodeterminación es anterior a los Estados y no depende del reconocimiento que éstos le puedan otorgar. Por conveniencia, los Estados han preferido dar a este derecho una proyección más política que jurídica, más coyuntural y de oportunidad que de principio, con el fin de no tener que replantearse sus fronteras internas.

Sin embargo, es un principio jurídico, cuya base está en los conceptos de democracia y de libertad de las personas. Son éstas quienes, con su libertad y unidas por las características históricas que las conforman en grupo étnico, tienen el derecho a transformar esa comunidad natural en comunidad política, proclamando su propia existencia y decidiendo quiénes conforman ese pueblo, cuál es su territorio, designando sus instituciones supremas y estableciendo el tipo de relación política con otros pueblos. Con todo, algunos acuerdos internacionales reconocen y suscriben este derecho.

La Carta de las Naciones Unidas de 1945 comienza estableciendo entre sus fines el "desarrollar relaciones amistosas entre las naciones, fundadas en el respeto del principio de la igualdad de derechos de los pueblos y de su derecho a disponer de sí mismos".

Los Pactos Internacionales de Derechos Humanos del 16 de diciembre de 1966 (Pacto de Derechos Civiles y Políticos y Pacto de Derechos Económicos, Sociales y Culturales), ratificados por los

Estados español y francés, dicen: "Todos los pueblos tienen el derecho de libre determinación. En virtud de este derecho establecen libremente su condición política y proveen asimismo a su desarrollo económico, social y cultural".

La Declaración de Helsinki de 1975 recoge en el principio 8 de su acta final el derecho de los pueblos a su autodeterminación y establece los criterios que han de guiar en sus relaciones mutuas a los Estados suscribientes.

La Carta de Argel o Declaración Universal de los Derechos de los Pueblos del 4 de julio de 1976 establece en su artículo 5: "Todo pueblo tiene el derecho imprescriptible e inalienable a la autodeterminación. Él determina su *status* político en absoluta libertad y sin ninguna injerencia exterior".

Sin embargo, los juristas de todo el mundo discuten si esas afirmaciones deben aplicarse únicamente a los países colonizados o también a las minorías nacionales existentes en el interior de los Estados constituidos, como sería el caso vasco.

Los mismos Estados europeos que, en su interior, niegan el derecho de autodeterminación a, por ejemplo, Córcega, Cataluña, Escocia, Gales, Bretaña, Tirol del Sur o el País Vasco, han visto con buenos ojos y respaldado estos últimos años el de Croacia, Eslovaquia, Lituania y tantos otros países integrados en Estados ex socialistas; países éstos europeos, unidos a sus metrópolis sin separación marítima y contando en su territorio con importantes minorías de la nacionalidad dominante, han demostrado con su independencia que la autodeterminación no es aceptada por Europa sólo para otras épocas o para otros continentes.

Precisamente fue el derecho de autodeterminación el invocado en 1990 por todos los Gobiernos y medios de comunicación para respaldar la unidad alemana. Pero la unidad de las dos partes del País Vasco es ilegal.

En lo referente al caso vasco, *los juristas que anteponen la nacionalidad española a la vasca* defienden que el derecho de autodeterminación les corresponde sólo a las colonias del Tercer Mundo, que en consecuencia los Estados que niegan ese derecho a las etnias englobadas en ellos no pueden ser acusados de poco democráticos, que no se sabe quién sería concretamente el sujeto de ese derecho en el caso vasco, que las elecciones generales son ya un ejercicio de autodeterminación, que en un Estado democrático sólo tiene sentido la autodeterminación individual y no la colectiva, etc.

También estos juristas han creído ver ya una expresión de autodeterminación en el referéndum para el Estatuto de la denominada Comunidad Autónoma Vasca en 1979 (el de Navarra no se sometió a votación). Sin embargo, dicho Estatuto carece incluso del simple reconocimiento del pueblo vasco o de su territorio, su texto fue sustancialmente modificado en Madrid y sólo permite además una descentralización administrativa carente de poder político propio, descartándose las otras posibilidades que comporta el derecho de autodeterminación, indiscutiblemente sentidas en los diferentes sectores de la población vasca. Mal puede verse, pues, en aquel referéndum un acto de autodeterminación.

Tampoco cabe decir que aquel Estatuto es un camino para un futuro desarrollo de la capacidad autodeterminadora, ya que niega tanto la soberanía del pueblo vasco como su territorialidad y está supeditado a una Constitución contraria a la autodeterminación. Más bien habría que decir, al contrario, que dicho Estatuto autonómico fue la forma de tapar la boca al pueblo vasco y cerrarle el camino a su soberanía.

Sirvan para confirmar esta última idea las palabras de un dirigente vasco de Alianza Popular, partido de la derecha española que precedió al actual Partido Popular. Alianza Popular se había opuesto oficialmente al Estatuto durante el referéndum del año 79, aunque se sabe que extraoficialmente pidió a sus allegados que votasen afirmativamente. En todo caso, al cabo de algún tiempo de aquel referéndum, su dirigente Julen Guimón declaraba: "Hoy en día Alianza Popular apoya plenamente el Estatuto Vasco como manera más efectiva de defender la unidad de los españoles".

Por otra parte, quienes sostienen que el pueblo vasco carece –sea moralmente sea en las leyes vigentes– del derecho de autodeterminarse se contradicen al afirmar que ya se autodeterminó en el referéndum estatutario o que lo hace constantemente en las elecciones corrientes. Aunque la expresión resulte redundante: si no se puede autodeterminar, no ha podido hacerlo.

Al contrario de los anteriores juristas, los que, vascos o no, respetan la nacionalidad vasca entienden que los citados artículos de los pactos internacionales reconocen el derecho de autodeterminación no sólo a las colonias sino también al interior de los Estados metropolitanos, pues de lo contrario estarían limitándose a reconocer a los Estados ya constituidos y a consagrar las relaciones de fuerza preexistentes en ellos.

Además, los Pactos de Derechos Humanos de 1966 no hablarían lapidariamente de "todos los pueblos" sino que habrían restringido esa fórmula general o habrían hablado de "todos los Estados" o "todos los pueblos colonizados" si era eso lo que se quería decir. De hecho, la ONU les ha reconocido el derecho de autodeterminación a Palestina y Sahara, dos pueblos sin Estado.

Este segundo grupo de juristas estima también que el grado de democracia de un Estado viene medido por el grado de respeto a la autodeterminación de sus partes, a todos los niveles, tanto la de los individuos como la de las colectividades.

Pero la propia discusión en torno a las distintas interpretaciones de estos artículos significa dos cosas: por un lado, que su aplicación no es evidente, ya que contienen un grado de ambigüedad, lo cual impide fundar sobre ellos un derecho positivo indiscutible; por otro, que su aplicación a casos como el vasco no quedaría tampoco descartada con claridad.

Más próxima a nosotros en el tiempo y en el espacio es sin duda la manifestación del Aberri Eguna del 27 de marzo de 1978, cuya pancarta inicial reclamando el derecho de autodeterminación para el País Vasco era portada entre otras personas por algunos destacados dirigentes del Partido Socialista Obrero Español, en momentos en que se estaba gestando en Madrid el texto constitucional español. El comunicado redactado con aquel motivo por todos los partidos políticos, excepto los de la derecha española, decía:

"La consecución de un Estatuto Nacional de Autonomía para Navarra, Álava, Guipúzcoa y Vizcaya es una solución urgente que reclamamos como premisa imprescindible para la normalización de la vida política de Euskadi. La democracia no será plena para nuestro pueblo en tanto que constitucionalmente no se le reconozca su soberanía y el derecho de autogobierno que posibilite la autodeterminación".

Pero ese doble anhelo de la inmensa mayoría del pueblo vasco (unidad territorial y autodeterminación) se vería defraudado en poco tiempo. La Constitución que se estaba elaborando entonces se opondría implícitamente al reconocimiento del derecho de autodeterminación, pese a estar destinada a un Estado netamente plurinacional, puesto que en su seno se encuentran cuando menos la nación gallega y parte de la catalana y de la vasca. Y el Estatuto autonómico que se implantaría al año siguiente no sería cuatriprovincial sino triprovincial.

La Constitución española de 1978 sólo reconoce como sujeto político al "pueblo español", cuya "indisoluble unidad" subraya, al igual que la Constitución francesa de 1958 se limita a reconocer al "pueblo francés". El pueblo vasco existe en la realidad pero no existe en ninguna de las dos Constituciones vigentes en él. El derecho de autodeterminación carece en éstas de sentido.

Sin embargo la Constitución francesa tuvo que tolerar la secesión de Argelia, que no suponía entonces sino unas puras y simples provincias francesas. Lo mismo que la Constitución española tendrá que tolerar en su día la incorporación a Marruecos de Ceuta y Melilla, que hoy son igualmente simples provincias españolas.

El artículo 8 de esta última Constitución añade además que "las fuerzas armadas tienen como misión garantizar la soberanía e independencia de España, defender su integridad territorial y el ordenamiento constitucional". La segunda de las tres misiones indicadas se refiere, pues, directamente a la autodeterminación de una parte del Estado, con lo que este tema queda jurídicamente supeditado en cualquiera de las hipótesis a la fuerza del Ejército español. La autodeterminación queda vetada y sometida legalmente al terreno de la violencia.

El 10.7.94 el periódico *El País* daba cuenta de la reducción decidida para el Ejército por el Ministerio de Defensa. La disminución de unos 40.000 hombres que va a experimentar el Ejército español se va a operar en todos los territorios excepto en el País Vasco y Cataluña, que en un proyecto anterior "quedaban casi desguarnecidas". Las cuatro capitales del sur vasco continuarán siendo sedes de batallón o regimiento "que se reforzará en caso de crisis con reservistas y cuya misión es defender la integridad territorial". Queda, pues, claro que la previsión constitucional respecto al papel del Ejército está más vigente y es más efectiva que la relativa a la tortura.

La Constitución española se consultó en referéndum en todo el territorio del Estado con intención de que fuese la mayoría de votos en ese territorio la que resultase decisoria. Con lo cual el reconocimiento o no del pueblo vasco se decidía de antemano, previamente a la consulta. Se aplicaba, pues, la Constitución antes de ser aprobada. Se imponía la respuesta en la propia forma de hacer la pregunta.

Y en efecto, el sur vasco rechazó mayoritariamente la Constitución española de 1978, pero la paradoja es que su respuesta no podía ser operativa porque había sido invalidada de antemano por la propia modalidad de la consulta; si bien con ello sucedía también que aquel rechazo restaba valor moral a la legitimidad constitucional en el sur vasco (aunque es cierto en cambio que el norte aprobó en su día la Constitución francesa).

Al actual razonamiento español "no existes, País Vasco, porque la Constitución no te reconoce", le había precedido este otro: "como no te reconozco, no me importa tu respuesta a la Constitución". El no reconocimiento del País Vasco es siempre un punto de partida, aunque a veces se presente como punto de llegada.

"El PNV seguirá sin aceptar la Constitución", declararía, tal vez por este motivo, el presidente de dicho partido, Xabier Arzalluz, el 14.2.88. "La Constitución amenaza con la fuerza a cualquier pueblo que quiera reclamar sus derechos", diría años más tarde, el 29.9.91, y, también entonces: "El problema existe desde que nos privaron de la soberanía por las armas". Más recientemente, el 17.11.93, añadiría: "Si un pueblo no quiere estar en un Estado, es una vergüenza que se le tenga".

Meses después, el 3.4.94, manifestaría: "Tienen un artículo octavo de la Constitución que confía la unidad territorial al Ejército. ¡Que no vengan diciendo que sin la violencia se puede defender cualquier cosa!".

En su edición del 17.7.94, *El País* reproducía de esta manera sus palabras de dos días antes: "Somos un pueblo, una etnia, una lengua, una gente aparte con personalidad propia y con derecho a constituir nuestro propio poder político, a constituir un Estado vasco. Los vascos no permitiremos que se nos niegue ese derecho ni por las armas ni por ninguna otra cosa".

"La primera violencia es la del Estado español –diría por su parte el dirigente nacionalista catalán Angel Colom el 2.8.91– que no reconoce el derecho de autodeterminación de tres naciones integradas en él".

Numerosas y multitudinarias manifestaciones en las calles de Pamplona, Bilbao y otras ciudades han mostrado reiteradamente el apego del pueblo vasco a su derecho de autodeterminación. Derecho que no sólo queda negado legalmente sino que resulta difícil promover en las contiendas electorales y en los grandes medios de comunicación, que le son abiertamente desfavorables.

Quienes defienden el derecho vasco a la autodeterminación carecen, dentro del marco jurídico y político existente, de cauces para ponerlo en práctica, ni siquiera de modo gradual y progresivo, y reclaman otro marco renovado que lo haga viable. Por lo que respecta a la Constitución española, no sería su primer cambio, ya que fue modificada en la década de los noventa para adaptarse al Tratado de Maastricht, que exige que todos sus ciudadanos puedan ser candidatos electorales en cualquier país firmante.

Prueba de la imposibilidad de ejercitar hoy el derecho de autodeterminación es la propia defensa que de él hizo en febrero de 1990 –presionado por el auge nacionalista en el este europeo– el Parlamento de Vitoria, representante legal de las tres provincias occidentales del País Vasco o CAV.

En aquella ocasión, los votos favorables de los tres partidos nacionalistas moderados vencieron a los desfavorables de los partidos españoles y suscribieron una declaración defensora del derecho de autodeterminación vasco, circunscribiéndolo sin embargo al territorio de la CAV y con un acuerdo complementario por el que se precisaba que la declaración era puramente doctrinal y no un propósito político para su ejercicio, así como que cualquier posible plasmación suya se realizaría dentro de la Constitución.

Pero ¿es realmente este derecho la panacea capaz de arreglar el principal problema planteado en el País Vasco? Los análisis históricos, sociológicos y sicológicos, todo, en suma, hace pensar que este derecho es, en efecto, el nudo gordiano del contencioso vasco. Que, si al País se le reconociese este derecho, se le habría dado satisfacción a su más íntimo y profundo sentimiento, al sencillo deseo de ser reconocido como tal, como País y como pueblo.

Si no recupera y asegura su lengua, si no cuenta con instrumentos políticos para regirse y preservar sus señas de identidad, el pueblo vasco, disuelto entre dos poderosos Estados, siente el grave riesgo de desaparecer como tal. El no reconocerle el derecho de autodeterminación es atentar a su propia existencia.

En cambio, este reconocimiento tendría además la ventaja de carecer de contrapartidas negativas. Con él, se beneficia al País Vasco sin perjudicar a nadie. En cuanto al previsible disgusto ideológico por parte de los nacionalistas españoles no tiene entidad material alguna que nos permita considerarlo como contrapartida negativa.

Y otra ventaja suya es su carencia de coste económico. Si satisfacer a la población vasca y solucionar un importante conflicto es ya mucho mérito para cualquier fórmula política, el lograrlo además sin necesidad de un sacrificio económico que pudiese resultar prohibitivo es sin duda un mérito doble.

De todos modos, reconocido o no, el derecho de autodeterminación es consustancial al reconocimiento de la igualdad entre los pueblos y arranca de la idea democrática de que la soberanía radica en el pueblo y en nada ajeno a él. Ningún garante mejor de la paz y colaboración internacionales.

Sin embargo, aunque su carácter democrático es difícilmente cuestionable, no suele entrar en vigor hasta que no existe una fuerza física que lo impone, lo mismo que ha sucedido con los demás derechos elementales de las personas o de los pueblos.

Bibliografía

Los lectores que deseen ampliar su conocimiento sobre la actual realidad vasca, encontrarán en Editorial Txalaparta (apdo. 78, de Tafalla, tfno. 755260 de Navarra) abundantes obras complementarias, como por ejemplo:

Euskal Herria y la libertad. Euskadi eta askatasuna , ocho tomos ilustrados, con cronologías y bibliografías y ocho documentales de video. La obra más completa que existe sobre el tema.

ETA, historia política de una lucha armada, 1. parte., del autor italiano Luigi Bruni.

ETA, historia política de una lucha armada, 2. parte, del autor italiano Giovanni Giacopuzzi.

Los días de Argel. Autores: Giovanni Giacopuzzi e Iñaki Egaña. Sobre las conversaciones políticas de Argel entre ETA y el Gobierno español.

Ertzantza ¿héroes o villanos? del autor Txema Ramírez, sobre la Policía de la Comunidad Autónoma Vasca.

La cloaca vasca de Pepe Rei, sobre la corrupción en el País Vasco.

El GAL o el terrorismo de Estado en la Europa de las democracias. Autor: CEDRI.

Foz de Lumbier. Antecedentes y crónica de unas ejecuciones. Autor: Ricardo Zabalza.

Herrera, prisión de guerra, de Anjel Rekalde. Traducido al alemán.

La escisión del PNV, de Justo de la Cueva.

Euskadi, la renuncia del PSOE. Autores: Tasio Erkizia, Martín Garitano, Esteban Baigorri, José Luis Cereceda, José Antonio Egido, Justo de la Cueva.

La columna infame, de las autoras Lurdes Moraza y Mertxe Basterra, sobre la tortura.

¡Abajo las quintas!, de José M. Esparza, sobre la insumisión vasca y sus antecedentes históricos.

Gudari. Una pasión útil. Eli Gallastegi (1892-1974), de José M. Lorenzo Espinosa, sobre los inicios del nacionalismo progresista.

Dorregarai. La casa torre, de Anjel Rekalde. Una novela histórica para acercarnos a la realidad actual de los vascos.

La red Galindo, de Pepe Rei. La corrupción policial oculta tras la lucha antiterrorista.

El jesuita, de Pepe Rei, sobre la financiación de los partidos y las mafias policiales.

¡Secuestrados! 117 días en la encrucijada vasca, de Ricardo Zabalza. La muerte por tortura en las comisarías y el silencio de los medios de comunicación.

Txabi Etxebarrieta. Armado de palabra y obra, de José M. Lorenzo Espinosa, en el 25 aniversario del primer militante de ETA muerto.

Las estadísticas y acontecimientos más recientes se suelen publicar en los anuarios que el periódico *Egin* (apdo. 1.397 de San Sebastián, tfno. 554712 de Guipúzcoa) pone a la venta cada mes de diciembre, con datos sobre población, elecciones, política, represión, lengua vasca, sociedad, economía, deportes, repaso cronológico, personajes y mapas.

También puede el lector tomar contacto con la oficina de Herri Batasuna en Bruselas, donde se atienden consultas y se orienta sobre publicaciones existentes

Herri Enbaxada
Euskal Herria
224 Avenue D'Auderghem
1.040 Bruselas
Teléfono: 32 (Bélgica), 2 (Bruselas) y 6484745.

Índice

Aurkezten diguzun liburuaren edukiaz, itxuraz, eta inprimaketaz iritzirik bazenu, eskertuko genizuke jakinaraziko bazenigu.

La Editorial le quedará muy reconocida si le comunica Ud. su opinión acerca del libro que le ofrecemos, así como su presentación e impresión.
Le agradecemos también cualquier otra sugerencia.

TXALAPARTA
ARGITALETXEA
Apartado 78
31300 Tafalla
Nafarroa / Navarra
Tfno.: (948) 75 52 60
Fax: (948) 75 50 12